国家自然科学基金资助项目（51978441）

六合文稿 可持续人居丛书

张玉坤　主编

城市街道网络空间形态定量分析

苑思楠　著

中国建筑工业出版社

图书在版编目（CIP）数据

城市街道网络空间形态定量分析 / 苑思楠著. —北京：中国建筑工业出版社，2022.1

（六合文稿 / 张玉坤主编. 可持续人居丛书）

ISBN 978-7-112-24745-5

Ⅰ. ①城⋯　Ⅱ. ①苑⋯　Ⅲ. ①城市道路—城市规划—研究　Ⅳ. ①TU984.191

中国版本图书馆CIP数据核字（2020）第022140号

随着城市的复杂性增强，以更加科学化的视角去分析城市，理解城市的形态规律，理解城市的逻辑空间。本书将计量科学等纯科学理论渗入城市研究中，由科学引导城市的研究与设计。本书适用于建筑学、城市规划相关专业的在校师生和相关从业人员阅读参考。

责任编辑：杨　晓　唐　旭
版式设计：京点制版
责任校对：王　烨

六合文稿　可持续人居丛书
张玉坤　主编

城市街道网络空间形态定量分析
苑思楠　著

＊

中国建筑工业出版社出版、发行（北京海淀三里河路9号）
各地新华书店、建筑书店经销
北京点击世代文化传媒有限公司制版
北京中科印刷有限公司印刷

＊

开本：787毫米×1092毫米　1/16　印张：11½　字数：244千字
2022年2月第一版　2022年2月第一次印刷
定价：**58.00**元
ISBN 978-7-112-24745-5
　　　（35094）

编者按

　　六合建筑工作室 2001 年成立，到现在整整 20 年了。这些年来，工作室将长城·聚落与可持续人居作为并行的两个方向，积累了一些初步的研究成果。在中国建筑工业出版社的大力支持下，工作室先期组织出版了聚落变迁方向的《六合文稿 长城·聚落丛书》(2017-2021，14 册)，这次出版的《六合文稿 可持续人居丛书》是它的姊妹集。

　　工作室师生基于十余年传统聚落的研究基础与学术前沿的理论背景，从资源、环境、社会、文化等多个视角，探讨不同区位、不同尺度人居环境的可持续发展问题。尽管研究对象、视角与方法各有不同，但总体而言，均围绕国内外城市未来发展与村落发展智慧两个议题 展开，探索城乡可持续发展之路。

　　2005 年起工作室老师带领硕士生开始对国外生态村（Eco-village）展开研究，对生态村自给自足的可持续理念和建造运营模式有了初步的了解，后来又安排博士生继续研究。国外生态村虽然带有浓郁的乌托邦色彩，但其永续农业（Permaculture，台湾译为"朴门"）和可食景观（Edible Landscape）理念对我们的研究颇有启示。一次，笔者在出差路上看到一份报导，浙江绍兴农民正在自家的屋顶上收割水稻，被农民兄弟的智慧深深打动。于是，便动员尚未选题的研究生搜集国内外有关文献，发现所谓的都市农业（Urban Agriculture）已经有许多学术成果和设计实践了，自己还悠然自得，不知有汉。

　　自古以来，房前屋后，种瓜种豆，在乡下乃至城里都是再自然不过的事情，在现代的城市里出现农业种植不足为奇。学者们善于将朴素的社会实践上升为理论，以期指导当下和将来的社会实践，是一个实践—理论—实践循环往复不断提高的过程。

　　早在 18 世纪末到 19 世纪上半叶，为救济和安抚失地农民及城市劳工，英国城郊就已出现了划成小块廉价出租的份地农园（Allotment Garden），是比较早的都市农业模式。柯布西耶认为，一家一户的份地农园效益低下，微不足道。在 1922 年的"当代城市"（Ville Contemporaine）方案中，他提出了紧邻城市的大规模农田、集中式社区农园、空中农园，以及公共绿地上的果树、果园等丰富多样的构想——一座60 层高、能容 300 万人的垂直田园城市，来取代霍华德水平向扩展的田园城市。

与柯布西耶不同，赖特提出了城市是否会消失的问题，反对高密度垂直发展的城市模式。他认为汽车交通、电力输送、电话电报通信这些便利条件为城市的分散式布局带来契机，于1935年提出了"广亩城市"（Broadacre City）的新概念。广亩城市为每个家庭成员配置了1英亩的土地种植粮食和蔬菜，居住与农业合而为一，自给自足。赖特晚年出版的《活的城市》收录了他提出的关于都市农业的规划布局模式。

大师们的理论或许被认为是不切实际的乌托邦，或许觉得农业在城市中无足轻重，在以往的城市规划中，他们闪光的思想似乎都被有意无意地屏蔽了，远未引起足够的重视。当现实的环境问题、食物问题迫在眉睫，可持续发展成为当务之急的时候，先前的理论总是再次被思考、被发现。

继花园城市、垂直花园城市、广亩城市之后，先后有日本建筑师黑川纪章的"农业城市"（Agricultural City，1960）、新城市主义者安德雷斯·杜安尼的"农业城市主义"（Agricultural Urbanism，2009）、美国景观建筑学家瓦格纳（Wagner）和格林姆（Grimm）的"食物城市主义"（Food Urbanism，2009）等与农业有关的城市理论出现。2005年，英国布莱顿大学建筑系的安德烈·维尔荣出版《连续生产性城市景观：为可持续城市设计城市农业》（*CPULs: Continues Productive Urban Landscapes*），从景观学角度提出了"生产性"概念。2009年，荷兰建筑师奈尔森（Nels Nelson）在《规划生产性城市》（*Planning the Productive City*）一文中指出：

"城市输入能源、水和食物，给这个星球带来沉重的生态负担。可持续的城市应当改变这种模式——使之成为生产之源而非仅是消费，使城市边界以外的自然得以繁荣，同时提高能源和物质的使用效率。"

同样，加拿大城市发展专家、《21世纪议程》主要倡导者布鲁格曼（Jeb Brugmann）也认为，"我们需要以一种完全不同的方式看待城市和可持续性。与其节约能源，让生活更加省吃俭用，牺牲可持续发展，不如使城市作为生产资源的地方，而不仅仅是消耗它们"（*The Productive City: 9 Billion People Can Thrive on Earth*，2012）。

某种程度上，当代城市从消费向生产的转型已经成为可持续发展的必要条件，"生产性城市"也将成为未来城市发展的新趋势。在城市从消费型向生产型转变过程中，依然需要强调勤俭节约，开源节流，对资源缺乏、人口众多的我国而言尤其如是。除了考虑食物、能源、水的因素之外，生产性城市的建设还需要整体、系统的统筹协调，包括对现有聚落形态、结构和功能的深入解读，以及基于此的综合性调整策略，而非简单地将各种生产性功能植入现有的城市之中。简而言之，生产性城市应当是以可持续发展为宗旨，以绿色生产为主要手段，有机整合农业生产、能源生产、工业生产、空间生产、废物利用、文化资源保护等多种功能于一体的多层次城镇体系。在每个层次的最小范围内，主动挖掘生产潜力，提高资源利用效率，力求最大限度地满足居民的可持续性生存与发展需求。

上述从生态村、都市农业到生产性城市的发展脉络是可持续人居的主要路径，六合工作室循着这条路径做了一些研究工作。可持续人居涉及资源、环境、社会、文化等方方面面，是一个比较复杂的系统工程。面对这一系统工程，仍然有许多知识需要学习，有许多问题需要探索，以往的理论和实践可以给人以启迪。从希腊学者道萨迪亚斯（C.A.Doxiadis）所创立的包括人、社会、自然、建筑、网络五元素的人类聚居学理论（20 世纪 50 年代），到吴良镛先生创建的包括自然系统、社会系统、人类系统、居住系统、支撑系统五大系统的人居环境科学（1996-2004），为整体上把握可持续人居提供了可靠的理论基础。其他学者的相关研究（Antucheviciene et al. 2015；Kaklauskas, Zavadskas 2012；Kaklauskas et al. 2014；Kapliński, Tupenaite 2011），将可持续人居问题进一步明确为解决环境—经济—社会三者关系的问题，并建立了多种类型的可持续建筑环境评价框架（Björnberg 2009；Bentivegna et al. 2002；Morrissey et al. 2012；Siew 2015），为分析可持续人居提供了理论方法与工具。

回望历史，《礼记·王制》中有这样一句有关"人地关系"的话：

"凡居民，量地以制邑，度地以居民，地、邑、民、居必参相得也。"

在农耕时代，"地"主要指耕地及其周围环境，"邑"是指规模不等的聚落或聚落群，"民"主要指人口规模，"居"则可指代建筑。这种两千多年前人地和谐的思想智慧在探索可持续发展的今天依然熠熠生辉，启示着我们如何协调好现代的"地"——土地、能源、水等各种资源和生态环境，"邑"——城乡聚落或城乡聚落体系，"民"——除了人口，则可包括社会的政治、经济、文化等属人的各种因素。

从古代到现代的人居环境，尽管复杂程度有所不同，但在人类从未间断的历史长河中，却是古今一理、万世绵延的连续体。可持续人居现在和将来的任务，也无非是处理好地、邑、民、居的复杂关系。

本丛书是六合工作室可持续人居研究的一次阶段性总结汇报。先期出版的几本文稿，包括聚落空间形态定量描述与认知研究、合作居住与生态村等国内外聚落研究，以及生产性城市、生产性建筑、建筑拆解及材料再利用技术研究、中国社区农园等未来城市发展战略与措施研究；后期还将计划出版城市复垦研究、都市农业发展现状与潜力研究、建成环境光伏应用研究、交通空间可再生能源规划策略研究等后续进一步的延伸研究。这些文稿作为一套丛书，是在诸多博士学位论文的基础上改写而成的，随时间的演进，对研究对象的认识不断深化，使用的分析技术不断更新，因而未强求在写作体例和学术观点上整齐划一，而是尽量忠实原作，维持原貌。博士生导师作为主编和作者之一，在学位论文写作之初，负责整体研究方向、研究思路和写作框架的制定，写作期间进行了部分文字修改工作；在文稿形成过程中，又进行局部修改和文字审核。但对原作的研究思路、方法及其学术观点，则予以保留和鼓励，未加干预。

丛书所展现的内容也仅是一些初步的思考。一些理论探索与技术方法距离在实践中应用并发挥作用仍有距离，瑕疵与纰漏之处在所难免。文稿付梓，希望引发对于可持续人居未来发展趋势的关注与讨论，收获批评与建议，并在可持续人居研究发展道路上协力共行。

本丛书的出版得到了多方的支持与帮助。首先要感谢国家自然科学基金的大力支持，多个项目的获批与实施支持了该系列研究的顺利开展，使得一些初始的想法能够得以深化；感谢天津大学领导和建筑学院、研究生院、社科处等有关部门领导所给予的人力物力保障，以及学校"985"工程、"211"工程和"双一流"建设资金的大力支持；感谢中国建筑工业出版社对本套丛书编辑出版的高度信任和耐心鼓励；感谢所有在六合工作室求新求异、扎实研究、辛勤耕耘的老师和同学们，向所有对本系列研究工作提供支持、帮助和建议的专家、同仁表示衷心感谢。

目 录

第一章 绪论

城市是人类历史上出现的最为庞大和复杂的创造物，是物质建造和人类社会活动的结合体，其中融合了建筑、社会群体、经济活动等多种要素，且要素间以各种复杂的联系交织于一体，因此城市以及城市空间被定义为一种复杂的、多学科交叉的研究对象。正由于城市空间研究的这种跨学科特性，以及"城市空间"概念本身所展现出的内涵宽泛性，因此直到目前，在有关研究城市形态的学科中，还没有严格、统一的概念定义。马达尼普（Madanipour）（1996）认为，城市空间概念大致可分为两个类别：一种关注城市的物质存在属性；而另一种则将城市看作社会经济的集合，是城市各要素（建筑环境、社会群体、经济活动及公共机构）的空间分布模式。❶本研究将着眼于第一种类别城市空间形态概念，从建筑以及城市设计的角度理解城市空间限于实体层面的形态规律。

城市中，"空间"概念最主要的物质载体是街道，"没有街道便没有城市"❷。城市街道常被视为城市景观中最为核心的构成要素，它对形成一个城市的形态特征具有重要作用。19世纪工业革命所导致世界范围的城镇化进程及随之而来的在建筑行业中兴起的现代主义运动，带来了历史上最剧烈的城市变革。由街道构成的传统城市结构形态被一扫而光，而被一种大胆、全新、与建筑和公共空间相脱离的高速机动车交通系统所替代。理查德·李维林戴维斯（Richard Llewelyn-Davies）称其为"现代交通规划对城镇形式变革性的、甚至是剧变性的影响"。❸在20世纪的后50年，伴随着汽车和公路对城市设计的掌控，城市空间的形态已与传统城市相去甚远。现代化的城市交通网络为城市提供了高效的资源输送分配系统，并成为城市扩张的诱发动力，人们曾苦苦追寻交通布局的"理想"形式或结构。但是到了今天，人们却开始意识到单纯根据交通的需求构建道路系统并对城市进行组织并非一种理想的举措。同时，对于传统混合式街道布局的青睐开始复兴。这种现象促使人们重新思考什么类型的街道才能够最好地满足今天的需要，以及这些街道是怎样形成各种城市形态的。

好的城市结构对于产生好的城市生活环境至关重要。但是正如史蒂芬·马绍尔

---

❶ A. Madanipour. Design of urban space: An inquiry into a socio-spatial process. Chichester, England: John Willey & Sons, 1996.

❷ 斯皮罗·科斯托夫. 城市的组合 [M]. 北京: 中国建筑工业出版社, 2007: 194.

❸ Llewlyn-Davies, R. Town Design, in Lewis, D. (ed.) Urban Structure, Architectural Yearbook 12[M]. London: Elek Books, 1969: 46.

（Stephen·Marshall）所言："虽然结构是必要条件，但它并不是全部……以功能性的交通系统为基础构建的一个优秀的城市结构本身并不能造就良好的城市生活。"[1] 现代城市设计通常基于条理性的思维逻辑，将一定数量的房屋单元连接到相应类型的道路尽端上，再层层接入上级主路中。但是这种极具局限性的功能性观念，致使城市的广义功能——创造城市场所——常常被忽略，其结果就是无法形成适合人们休闲和使用的富有吸引力的场所空间。克里斯托·弗亚历山大（Christopher·Alexander）感叹："当我们观察过去的最美丽的城镇时，我们总是对它们的某种有机感留下深刻印象……每个城镇都是按照自身的整体法则发展起来的……这种特征在今天建设起来的城镇中已不复存在。"[2] 在亚历山大眼中，相比于现代规划而成的城市，自然生长的古城镇具有更强烈的"有机的统一"性。

然而对于交通工程师而言，传统城市街道的这种有机特性却显得毫无规则，难以形容和描绘。勒·柯布西耶（Le·Corbusier）将传统城市中弯弯曲曲的道路斥之为"驴行之道"，并大胆地提出口号："我们要消灭街道……只有接受这个基本前提之后，我们才能真正迈入现代城镇规划"。然而现代的城市系统研究表明，以前的人们混淆了传统街道空间有机性与杂乱无章之间的区别。首先大量的城市案例研究表明，任何一个城市的形态都是由规划而成的城市肌理同未规划形成的有机城市肌理混合而成。同时那些有机的城市街道尽管有许许多多的形式，但它们都具有一个普遍的统一协调的布局；正是它们的变化和不规则，熟练精巧地把实际需要和高度地审美力融为一体。因此新都市主义（New Urbanism）和可持续发展（Sustainable Development）等当代运动开始尝试以城市设计为主导的规划方式，探索在现代城市中引入传统空间的场所性。与此同时，一些新的计量描述技术在城市研究中的引入，使得人们开始从一种复杂系统认知的角度，转向描述城市空间中非规则空间形态的特征。

城市街道网络空间形态定量分析就是从空间的角度研究城市街道网络的类型与形态特征。研究的目标旨在探索一套能够准确科学地对有机城市复杂街道网络空间形态特征进行系统描述的技术方法，同时该方法应能适用于不同城市文脉环境下的街道网络。研究内容包括城市空间拓展及形态演变机制、城市街网空间形态描述框架体系及量化描述技术、城市内部空间分布的异质性等。借此分析在不同地域环境、文化背景、城市文脉下城市空间形态的差异性。

一、研究背景与研究意义

（一）研究背景

（1）高速城镇化导致城市空间形态的剧烈变化

从世界范围来看，人类历史上经历了两次大的城镇化浪潮。第一次城镇化浪潮

---

[1] Stephen·Marshall. Streets & Patterns. New York：Spon Press，2005. XII.

[2] （美）C·亚历山大，H·奈斯，A·安尼诺. 城市设计新理论 [M]. 陈冶业，童丽萍译. 北京：知识产权出版社，2002.

自 1750 年开始兴起至 1950 年结束，历时两个世纪，主要发生在北美和欧洲国家。200 年来，该地区经历了人类历史上第一次人口转型，第一次工业化和城镇化进程，城市人口从 1500 万增长到 4 亿 2300 万，而城市人口比率则从 10% 上升至 52%。第一次世界城镇化浪潮在欧美国家造就了一批与传统城市截然不同的现代大型都市，并形成了全新的工业型城市社会结构。在这一转化过程中，欧美国家取得了大幅度的经济及社会发展，并最终成为目前世界最为发达的地区。

20 世纪 50 年代之后，第二次城镇化浪潮开始在亚非地区兴起，在经济全球化以及医疗设施发展的作用下，相比于第一次城镇化浪潮，此次浪潮所带来的城镇化转变则更为迅猛（图 1.1）。该地区城市人口预计将在 1950 ~ 2030 年的 80 年间，突破 39 亿人，并达到 56% 城镇化率。到那时，发展中国家将拥有全世界 80% 的城市人口，并形成更多的超大规模城市。❶ 在第二次城镇化浪潮中，增长最为快速的地区主要分布在东亚、东南亚与中东，而中国正处于浪潮的中心。

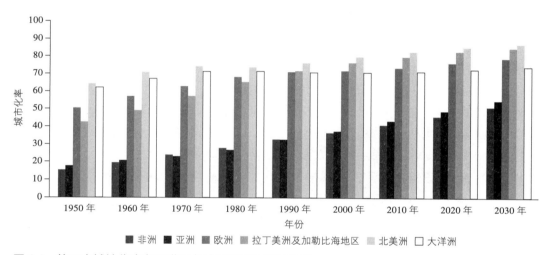

图 1.1 第二次城镇化浪潮下世界各地区城镇化发展趋势

（图片来源：United Nation. 20006. World Urbanization Prospects：The 2005 Revision，Table A.2 New York：Population Division，Department of Economic and Social Affairs，United Nation）

在中国范围内，城镇化进程在建国之后经历了四个主要的发展阶段。城镇化发展的第一次浪潮发生于改革开放前的 1949 ~ 1978 年。该时期由于城镇化政策较为波动，由政策驱使大量农民涌入城市大炼钢铁，导致城镇化水平在短期内迅速提高，造成"虚假城镇化"或"过度城镇化"。有关学者也称这种城镇化特征为"工业化时期的控制性城镇化"（Industrialization with Controlled Urbanization）。城镇化发展的第二次浪潮是从 1978 年改革开放至 20 世纪 80 年代末。

❶ United Nations Population Fund. State of World Population 2007：Unleashing the Potential of Urban Growth. New York：United Nations Population Fund，2007.

在这期间，市场机制引入传统计划经济，外资建厂以及乡镇企业吸引了农村剩余劳动力进入城市，促使中国城镇化水平提高了 8.5%。但是该时期城市发展的一个缺陷是城镇化严重滞后于工业化。进入 20 世纪 90 年代，城镇化水平持续增长，第三波城镇化（1990～2000 年）随之到来。10 年间，城镇化水平提高了近 10 个百分点。同时，始于 20 世纪 80 年代后期的土地使用制度改革，也为城市空间结构重组带来了新的契机。传统以单位为中心的城市功能结构逐步瓦解，新的城市社区开始出现。而另一方面城市空间重组也造成了城市无序蔓延、城市内部空间破碎、城市社会人群隔离等问题。从 2000 开始至今，我国城市正经历第四次城镇化浪潮。当前中国城市所面临的城镇化问题，已经不仅是农村人口向城市迁移这一数量层面的问题，而是如何优化城市内部结构，实现城市的全面发展，这既涉及城市经济、社会结构的调整，同时也涉及空间结构的优化整合。如何在提供方便优质的物质生活保障的同时，营造舒适、人性化并具有可持续性的城市生活环境成为当前中国新一轮城镇化建设的核心议题。

可以看到，自 18 世纪开始世界上兴起的城镇化运动使人类的居住环境和生活方式发生了前所未有的剧变，城市自身增长发展的运作机制被彻底地改变了，传统自然经济主导的缓慢的城市自身组织演化机制被工业经济主导的高速城市扩张动力所淹没，由快速城镇化而引发的城市空间形态的演变超过了历史上任何一个时期。然而现代城市的加速发展使得现代城市变得越来越复杂，而同时城镇化建设中的"反城市"（Disurban）效应越来越清晰地显露出来。一方面是由于急剧的城市建设仍缺乏理想的城市发展指导模式；另一方面，追逐利益和城市建设的短期行为正在将传统的城市改变为缺乏特性、活力和都市氛围的非人性化空间。城市空间的无序（郊区蔓延、旧城落后、边缘区混乱）、不平等（分区与隔离）以及内外环境恶化（生态、环境、城乡矛盾）在多数现代城市中不同程度地存在着，并有不断加重的趋势。❶ 城市过度蔓延、交通拥挤、生态环境恶化等成为城镇化进程中必须面对的首要问题。

（2）高速城镇化带来的传统城市文脉割裂

同时，在当前高速城镇化发展的背景下，历史性的城市区域常在快速增长的现代城市肌理的包围下逐渐陷入困境。在欧洲，尽管大多数历史城市街区得以留存，但是由于现代城市同传统城市的不同构性，因此导致了传统城市街区在空间上被隔离和孤立，成为相对封闭的城市孤岛。受到现代城市功能的吸引，居民逐渐迁出传统城市区域，最终导致城市的生活中心同历史中心脱离，城市生活场所远离了传统街区，使其丧失生机和活力。

在我国，传统城市街区往往面临着更加艰难的处境。由于经济快速发展对有限土地资源的大量需求，以及城市层面上的历史文化保护观念以及研究理论的相对滞后，在高速城镇化压力之下，城市传统街区往往成为首先被牺牲的对象。传统城市

---

❶ 郑时龄. 理性地规划和建设理想城市 [J]. 城市规划汇刊，2004（1）：1-5.

街区的更新发展彻底改变了原有城市的空间结构特性，城市的文脉被割断。高速的城镇化进程在中国不断造就着相互雷同的现代城市，每个城市独特的文化和历史的印记在城市中逐渐消失。

这些问题的产生一方面同传统城市规划的保护意识有关，同时也与当前城市空间分析研究中形态认知的相对不足密切相关。由于缺乏对复杂形态全面准确的描述能力，现代城市空间结构在城市拓展设计过程中难以同传统城市肌理产生有机的结合，不同城市结构之间在空间上产生裂缝，最终导致隔离的出现；同时在传统城市肌理更新过程中，无法在新的设计中延续传统城市街区空间的形态特征，这也致使传统城市文脉的直接死亡。

基于上述研究背景，本书试图从城市街道网络整体的角度，通过定量分析的方法搭建起城市街道空间形态描述框架，实现在复杂城市肌理中对有机形态的空间网络进行精确定义，并进而探索形态描述技术在城市认知理论研究以及城市规划设计中的应用模式。

（二）研究意义

1. 理论意义

城市空间形态是城市物质实体同抽象的政治经济因素以及城市规划政策的有机结合，经过复杂的互动作用所形成的最终产物，因此常常呈现出非规则、自由的空间形态特性。传统描述技术在对城市街道网络这种复杂空间形态进行描述时一方面缺乏足够的准确性，形态特征定义通常含混不清；另一方面对网络系统特征的分析往往针对空间片段进行描述，而缺乏基于整体视角的把握，这无法真实反映城市使用者进行空间体验时的感受。城市街道网络空间分析研究的这种滞后状态也导致了城市理论研究中对城市形态复杂性和多样性认知的不足。从复杂性城市视角出发，探索全局性的、准确的城市街道网络的空间特性描述工具，对城市形态理论及演化机制的研究具有特殊的价值，系统性的城市空间分析工具无疑将会对于城镇化进程以及城市本体认知研究起到深化作用。

2. 实践意义

对城市进行规划的根本目的之一就是培育一个"好的城市形态"，规划只有还原为一定的城市形态和社会网络，才能实现它的价值，而前者是最为直观的。对城市形态的研究是城市规划设计和管理的重要基础，正如马绍尔所指出的："明确的设计方法产生必然是建立在对形态的清晰认识和描述的基础上的。"[1] 街道网络空间形态研究是从城市空间的物质现象着手，对特定历史时段内和自然地理环境中所形成的，暗含在无规则形态表象之下的内在秩序性的抽象和概括。研究城市形态能够清晰地掌握城市发展的脉络，有利于对城市未来发展进行预测及控制，对城市规划和设计提供较直

---

[1] Steven · Marshall，Streets & Patterns. New York：Spon Press，2005：39.

接的指导原则。此外，系统的城市形态研究还可用于加强和整合城市设计的理论基础。[1]因此，本书的研究内容可为城市规划设计实践提供重要的理论依据和技术支持。

3. 方法意义

20 世纪 50 年代以来，城市空间形态研究一直是城市领域研究中的重点，其中尤以地理学、建筑学、城市设计与规划学方面的研究为主流。基于图论的图解分析法以及基于类型学的城市空间分析法一直是这些领域研究的主要范式。然而这些研究范式偏重于理论抽象和定性描述，难以给出城市空间形态全局性和精确定量的分析结果，致使不同的城市研究无法在一种通用的研究平台上进行横向比较，同时定性的研究模式也使得最终的结论表达含混不清。近年来，国外对城市形态的研究方法日益多元化，大批具有创新性的形态分析技术陆续被提出，并显现出明显的向定量研究过渡的趋势，而此类研究在国内仍然比较缺乏。本研究一方面提出了独立的空间形态定量分析技术方法，并尝试构建起城市空间形态描述框架，同时运用 GIS 地理信息技术、空间句法等多种量化分析技术，对大量城市街道网络案例进行实证分析。技术探索型研究（Explorative Research）同实证分析研究（Empirical Research）的有机结合将共同构建起一套相对完整的城市空间形态量化研究方法论体系。

二、研究问题

本研究尝试通过量化描述的方法辨析城市街道网络复杂肌理背后的形态特征规律。为了实现该设想，本书将所涉及的研究问题划分为主研究问题、背景研究问题、子研究问题三个层次。主研究问题是研究的核心内容，它直接指向本书的最终目标，是主要研究行为所涉及的范畴。通过设定明确的主研究问题将有助于使研究一直保持明确的研究方向，而本书最终完成对主研究问题的解答也意味着研究目标得以完成。背景研究问题则是主研究问题存在的前提和理论基础，它包括对主要研究对象概念的界定，理论研究框架以及现有文献和研究技术综述。

合理解答背景研究问题将确保研究结论可靠并具有足够的创新性。子研究问题则是主研究问题的核心构成部分，它直接指向具体的研究行为。通过对子研究问题所设定具体研究内容的探讨，将最终构成对主研究问题的完整解答。

本书的主要研究问题为：

- 如何准确、全面的描述复杂的城市街道网络空间形态特征，并建立起系统性的研究平台？

为了解决研究中的主要问题，需要对以下背景研究问题和子研究问题进行解析：

A. 背景研究问题。探索对城市街道网络空间形态进行描述的技术方法，首先需要明确城市街道网络空间形态这一基础概念以及研究所涉及的理论与概念范畴：

---

[1] 谷凯. 城市形态的理论与方法——探索全面与理性的研究框架 [J]. 城市规划，2001，（12）: 36-41.

- 什么是"街道网络空间"？
- 研究应建立在怎样的理论研究框架基础之上？该理论框架由哪些已有研究理论和方法构成？传统研究中使用哪些研究方法对城市空间形态进行分析，以及现有研究方法在街道网络空间形态分析中存在哪些不足？
- 城市使用者（人）怎样认知和理解街道系统的空间形式？同时城市的空间如何影响城市使用者的行为方式？

B. 子研究问题。在解答主要研究问题过程中，需要解决一系列具体的核心问题：

- 在对城市街道系统进行描述的过程中，将会涉及何种类型的空间形态特性？如何针对不同类型的形态特性进行描述？
- 应在何种尺度下对城市街道网络空间形态进行分析研究？研究将会涉及对哪些形态要素进行描述和分析？
- 当将通用性的空间形态量化描述方法应用于具体的城市街道网络案例实证分析时，应如何针对各个案例不同的布局特性进行调整和应对？
- 城市街道网络空间形态定量分析技术可以通过何种方式应用于城市规划设计之中，从而最终发挥对设计实践活动的指导作用？

本书将在随后的章节中逐一探讨以上各种问题，并在结论章节对上述问题进行解答。

三、研究对象界定

传统城市空间形态研究中，研究对象的界定往往存在着差异性和含混性。由于对空间概念认知的不足，早期一些对于城市外部空间的形态研究往往转而对空间围合物进行分析，同时研究中所分析的对象系统大多是有限的局部空间，即静态的个体人所能感知的空间区域范围，而不是城市空间系统的整体。与此相对，另一些基于社会生态学角度的研究，则将城市空间概念抽象为某种要素系统（如居住分区、城市用地模式、人口分布）加以分析，这种广义的城市空间概念研究往往不能反映城市实体空间的形态特性。朱东风在研究中曾指出："多年来的城市空间研究的对象系统总是存在明显的局限性，并未寻找到一个能够代表城市整体特质且易于分析的空间对象系统。在此基础上其理论平台的局限性也相应表现出来，相当多的城市空间理论只能局部或部分地分析城市空间的特质与规律，仅仅为相关城市问题提供了阶段性、单方面或局部的发展对策。"❶

因此本研究以"街道网络空间"作为城市形态分析的对象系统，并首先对该对象概念的内涵进行明确的界定，这将直接决定后续研究中将采用的方法论类型以及进行研究所涉及的尺度。"街道网络空间"由"街道""空间"和"网络"概念共同定义而成。确定研究对象系统的概念范畴，就首先需要对三个独立概念进行界定。

❶ 朱东风.城市空间发展的拓扑分析——以苏州为例.南京：东南大学出版社，2007.

　　街道：准确理解街道定义所指,首先需要将"街道"同普通意义的"道路"或者"路径"概念进行区分。尽管在当前大多数城市规划实践中,尤其在中文语义环境中❶,"街道"常常同"道路"概念存在混淆和互代使用的情况,但事实上两个概念所指代的对象是有所区分的。道路特指可用于交通或者通行的路径,描述对象为一维或二维事物,并不涉及三维空间的含义。而相比于"道路","街道"所指则更为具体。传统的城市街道是三种物质实体角色的混合体：交通路径、公共空间,以及建筑临街区域。简单来说,这三种要素大略可以等同于交通工程师关注的线性空间（街道在交通网络中作为一维的"线"）,规划师关注的平面空间（街道空间和土地利用）,以及建筑师或城市设计师关注的三维空间。街道的前两种角色,使街道本身具备了道路的基本属性,但第三种角色决定了街道在城市交通系统中的特殊存在意义——它为城市生活提供了场所,同时也为城市使用者提供了获得明确空间认知的环境。

　　传统的街道概念在现代主义时期曾经历过一次解体的过程,在现代主义新兴城市模式中,道路和建筑被从彼此之间的形式关联中解放出来。马绍尔指出："道路和建筑不再一同被禁锢于街道格网之中,现代主义模式允许道路寻求具有自身流动性的线性几何形态,同时建筑也可以在自由空间中以颇具雕塑感的三维形体形象加以展现。"❷ 正是在这一时期,街道概念同道路概念之间的差异变得模糊起来,但是随着此后人们逐渐意识到城市空间所应担负场所功能的重要性,传统意义上的城市街道又重新返回城市格局之中（图1.2）。从20世纪90年代早期开始,新都市主义（New Urbanism）以及可持续城市发展（Sustainable Development）等当代运动促使紧凑型的、高密度的、混合功能的街坊开始复兴,同时街道格网也再次流行起来。现代的街道概念已经不再仅是交通运行的通道,更多担负了"人的场所"的职能。

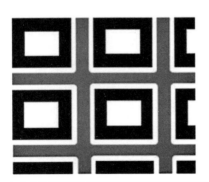 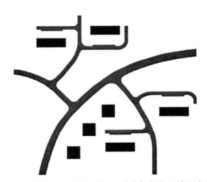

（a）传统街道网络中街道和建筑相互依存构成图底关系　　（b）建筑和道路相脱离,形成各自独立的形态系统

图 1.2　传统城市街道网络与现代交通道路布局的对比

（资料来源：Steven Marshall. Streets & Patterns. New York：Spon Press,2005.6）

───────────

❶ 鉴于中文词汇构成的特点,"街道"与"道路"概念在语义上的差异性较英文更为弱化。英文"street（街道）"同"road（道路）"两词汇为完全独立的单词,分别指向不同的含义。而中文"街道"与"道路"之间具有同构部分,概念所指也具有同义性,因此在使用中更易混淆。

❷ Steven · Marshall. Streets & Patterns. New York：Spon Press,2005.6.

本书以城市街道作为研究对象，其目的是对街道所提供的空间场的特性进行分析。街道空间为城市使用者提供了城市生活的环境以及城市空间认知的媒介，它是独特城市文化发生的地方。"在经验上，街道从某种意义上来说就是城市，而街道的生活就是城市的生活。" ❶ 因而对城市街道的空间形态进行研究，将直接建立起城市使用者对于城市的认知图示。

网络：将"网络"概念引入"街道空间"研究中则是基于人类体验空间对象的方式而决定的。在城市研究领域中，传统现象学学者往往注重个人的经验，对个人在部分城市的个体经验有很多研究，却忽略了城市作为一个整体的存在性。与此相反，都市模型研究者、交通工程师以及社会物理学者则更倾向选择把城市当作一个物质整体来研究，但把人的多样性和复杂行为简单化，从而使分析出来的城市模型和人的个体经验脱离。但事实上，尽管城市在人头脑中的记忆图示是整体性的，却不是简单的、具有同一性的整体印象，而是通过每次经历其中一小部分，最终形成的经验的集合。或者说，人对于城市的感觉是由不同的部分以及它们之间的关联过渡组成的，研究城市应该是研究多个局部是如何形成一个更加复杂的整体。❷

基于上述城市认知观念，对于街道的研究就不可能局限于对个体街道空间的研究，而应是对于完整的空间系统的研究，在城市范围内，这个空间系统的物质载体就表现为网络。正是街道网络把建筑物联系在一起，形成完整的系统。它体现出空间之间的相互关联，而城市空间本质上来说也就是由关联模式构成的。

从这种意义上看，街道网络就是城市物质空间和空间体验之间的结合点。从这一角度研究城市空间，将使我们理解人是如何认知城市，城市空间是如何影响人的流动，以及城市空间如何运转。

空间：在早期建筑与城市研究中并不存在空间定义，各种理论或评论的关注点仅集中在建造物的物质形式方面。而直到19世纪末，空间才在建筑以及城市研究领域作为一个独立的研究对象开始被关注。奥地利美术史学家阿卢瓦·李格尔（Alois·Riegl）从直接经验出发，建立了表面与空间的两级分析法。这一论述表明了建筑物同城市存在的两种方式：被建造的和可被看到的物质实体，被使用和穿行的空间。20世纪以来，经过布鲁诺·赛维、S·吉迪恩（S·Giedion）以及诺伯格·舒尔茨（Norberg-Schulz）等一系列学者在建筑空间概念建构方面进行的深入探索，空间逐步正式地成为建筑学以及城市规划领域的一个重要方向。

尽管对于空间研究的兴趣与日俱增，然而由于空间概念的虚空特性，因此对于如何衡量和描述这样一种特殊的事实一直存在着混淆与分歧。其中最主要的分歧就在于：空间是否是真正独立的物质？一部分建筑学者曾认为，空间秩序的建立是取决于实体元素的布置，比如墙和建筑立面。正是由于空间和物质形式明显不可分的事

---

❶ 段进，比尔·希利尔等 . 空间研究 3：空间句法与城市规划 [M]. 南京：东南大学出版社，2007.
❷ 同上。

实促使罗杰·思克鲁顿（Roger·Scruton）等人指出空间的概念是建筑学中的错觉，并得出结论：本质上空间是不存在的。❶

但是这种将空间定义为围合的论点却由于偷换了空间的概念，而导致某些现代主义城市实践中在城市中制造出大量破碎的空间产物。首先，空间作为物质的主体性消失了；其次，它也忽视了空间之间的关联性，而这种关联性是建筑和城市空间的核心；再次，它也把空间重新定义成为一种纯粹的局部现象。❷ 因此，在 20 世纪后 20 年中，英国伦敦大学的比尔·希利尔（Bill·Hillier）等人在空间句法研究过程中，对空间概念进行了重新地诠释与定义。他指出："空间不是人类活动的背景，而是这些活动的内在本质。"同时"在建筑和城市设计中，真实的空间本质才是研究的对象。"❸

空间句法理论对空间的定义最终恢复了空间概念独立的物质含义，并使空间本身开始作为一种现象研究。而这种空间观也构成了本书研究方法构建的基础。本书中，街道空间被作为独立的研究对象从城市背景中提取出来，同空间围合要素相剥离。空间作为一个客体对象，它的物质特性及其与人的经验行为的相互关联并加以分析。具有独立性的空间概念界定为研究划定了明确的界限，同时也决定了应采用的研究方法。

通过以上对于"街道""网络"以及"空间"三个概念层层界定，本书研究对象"街道网络空间"的概念变得清晰起来。研究正是通过对这种城市生活场所进行系统性、总体性的研究，尝试寻找到可用于指导城市设计的方法，为设计师提供一种运用空间创造人们活动的方法。

四、研究思路与研究方法

本书的研究可以被划分为两个主要部分：理论框架研究与量化描述技术构建。理论框架研究是对现有城市空间形态领域相关理论和文献的综述，旨在解决前文中所提及的背景研究问题，从而为本书的主体研究提供理论基础。量化描述技术构建则是本书研究的主体，该部分集中解决本书的主研究问题及其核心子研究问题。通过量化描述技术研究，本书首先将获得一系列可准确描述街道网络空间形态的量化分析技术和描述参数，并随后将其应用于多个城市案例之中，实现在多样化城市环境中对街道网络空间形态特征的识别与描述。通过理论框架研究与量化描述技术构建两部分的结合，本书最终获得了具有普遍意义的整体性城市空间形态描述研究平台。

（一）理论框架研究方法

本书借鉴理论科学研究分类标准，在文献综述过程中引入了"现象学分析——理论建模"的研究分类视角，回顾了城市空间形态研究产生以来的各种相关理论及

❶ Scruton R. The Aesthetics of Architecture. Methuen，1979.
❷ Bill Hillier. 场所艺术与空间科学 [J]. 世界建筑，2005（11）.
❸ 同上。

其发展脉络，构建起一套该领域研究的理论框架。科学研究的本质就是对世界上客观存在的事物进行认知，而"现象学分析"研究同"理论建模"研究一同构成了事物认知过程的两个方面。"现象学分析"对于事物所表现出的直观现象进行定义、描述与分析，而"理论建模"则对事物产生、发展和运行的内在规律提出假设、模拟和解析。"现象学分析"同"理论建模"之间并非相互隔离的两套研究体系。事实上，一种理论研究体系的各自发展都会对另一体系产生促进作用。回顾城市空间形态理论发展的历史，可以清晰地发现一条在"现象学分析"研究同"理论建模"研究之间交替演进的螺旋式发展脉络。

本研究以获得具有普遍意义的城市街道网络空间形态描述方法为最终目标，从属于"现象学分析"研究体系。因此对"现象学"研究体系进行综述，将使我们了解该研究体系内已知理论、传统分析方法、现有分析技术的不足以及当今该领域研究的最新发展趋势，并在现有理论知识的基础上，探索新的研究领域和技术方法。而对"理论建模"研究体系的综述将为本研究提供对于城市运行机制的认知基础，只有理解街道网络空间形态的复杂性是如何产生的，才有可能建构起相应的科学性分析平台。"现象学分析——理论建模"视角下的研究综述为本论文搭建起一套完整的研究框架，而在框架中进行准确定位，理清同其他研究之间的关联，将为研究打下更为坚实的理论基础并形成相对完整的体系关系，同时也使其具有了更强的延伸性和拓展性。

（二）量化描述研究方法

在量化描述研究以及分析技术应用过程中，本书结合使用了两种类型的研究方法——探索型研究（Explorative Research）与实证研究（Empirical Research），并最终形成一套完整的研究流程。

探索型研究是一种基于逻辑演绎和推理的研究，在城市研究领域的探索型研究主要关注城市空间的物质实体特征。研究首先对表征街道网络空间特性的各组形态参量进行定义，并进一步推导形态参量的计算公式。以这些形态参量算法为基础，研究引入一系列分析工具实现对城市空间对象的量化分析，这其中即包括由笔者开发的基于几何学特征的密度图表（Density-Gram）分析技术，也包括两种分别由比尔·希利尔（Bill Hiller）以及史蒂芬·马绍尔（Stephen Marshall）所开发的网络空间拓扑结构分析技术。❶ 这些分析工具将使研究者能够精确捕捉复杂空间的基本形态特征，并实现在不同案例之间的量化对比研究。同时，描述参量的使用也使得城市空间形态的变化趋势可视化。研究还将量化描述技术应用于一些来自于不同地域、代表了多样化街道网络类型街区案例之中，以此建立起量化描述技术与传统类型学

---

❶ 本书研究所使用的网络空间拓扑结构分析工具分别为：由比尔·希利尔开发的空间句法 分析技术（Space Syntax）和由史蒂芬·马绍尔开发的路径结构分析技术（Route Structure Analysis）。

分析方法之间的联系，从而为这些描述参量赋予直观的空间含义。

探索型研究的成果随后被应用于实证研究之中。相对于探索型研究，实证研究是一种基于真实案例分析的逻辑归纳型研究方式。在实证研究中，所有相关数据都来自于真实世界，受真实城市环境下制约因素的影响。本书选取了巴塞罗那、威尼斯、青岩、科莫这四个相对完整的城市街道网络系统作为实证研究的分析案例，其中每一个城市案例都具有同历史、地理、文化、政治因素相关的独特的城市文脉。本书之所以在多个不同类型的城市之间进行对比分析，同城市形态研究的自身特性密不可分。首先，研究以获取具有普遍适用性的形态描述方法为目标，而并非对某一特定地区案例的专门性分析，因此通过将量化描述技术方法应用于不同空间结构特征的城市样本之中，将有效验证描述技术在多样化城市环境中应用的可行性；同时，利用量化描述平台获取不同城市案例同一特征参量的量化特征值，我们可对多个案例之间的形态特性进行精确的横向比较，这对于研究不同城市文脉的形态关联具有十分重要的意义。

第二章　城市空间形态研究概述

　　尽管在几千年城市历史中，人类总是有意识或者无意识地创造着各种城市空间形式，然而直至 19 世纪，城市才成为一个独立的概念进入研究学者的视野。19 世纪 20 年代，德国社会经济学的主要理论家首先对城市研究产生了兴趣。20 世纪 20 ~ 30 年代，在美国芝加哥学派的大力推动下，城市成了社会学的主要研究领域。而明确的从空间的视角对城市实体要素与结构组织特性进行分析和研究，则始于 20 世纪中期。20 世纪 50 年代，布鲁诺·赛维（B.Zevi）首次提出建筑是"空间的艺术"。此后经 S·吉迪恩（S.Giedion）、诺伯格·舒尔茨（Norberg-Schulz）等人发展，空间概念逐渐开始成为建筑与城市领域研究的主体。经过半个多世纪的不断探索，目前在城市空间研究领域已经积累了大量的研究成果，并形成了较为完整的城市空间研究框架体系。本章将对现有城市空间形态理论与研究进行综述，并以此为基础对城市空间形态的形成机制与形态描述技术的发展趋势进行阐述。

第一节　基于"现象学——理论建模"视角下的城市空间形态理论研究

　　国内外城市空间形态研究经过近两个世纪的发展，已形成了多个学术流派，各种城市理论对城市形态的发展做出了多方面的探索。本书借鉴了理论科学领域对于人类知识类型的一种普遍分类方式，将以往研究划分为现象学研究和理论模型构建两大类型。其中基于现象学范畴的直接认知型研究是对于事物所展现出的外在现象特性、规律的认识，是人们认知事物的经验知识的累积；而理论模型的建立，则是在探索事物自然现象背后的深层运作机制和隐含规律，从而构建起一个理论模型，最终上升到理论理解的层次。这种理论分类基于研究的方法论类型而产生，更直接地反映出研究行为的本质特性，同时对于新的研究方法论选择也更具指导意义。

　　需要说明的是，现象学研究与理论模型的建立并非两个完全孤立的研究体系，而是会在研究进化过程中产生相互激励作用。现象学范畴的研究使人们得以更为深入地了解真实事物体现出的复杂性，从而为理论建模提供必要的依据；而理论模型的建立则体现了研究学者对于研究对象生成机制的基础认知，在此基础上对于事物的描述技术得以发展。现象学研究与理论建模研究之间的这种互馈作用在城市空间形态研究领域曾反复出现。

回溯城市空间研究的历史，最初的城市模型是在 19 世纪和 20 世纪上半叶由一些欧洲经济及社会研究学者提出的，这一时期正是传统城市在商业扩张的浪潮下经历解体过程的一个时期。经济成为新兴城市形成的主要因素，而交通则成为利益追求的目标。因此这一时期所产生的城市模型大多基于经济学或者交通运输等功能性观点进行构建。无论是在早期杜能（Von Thünen）基于地租和市场价值提出的农业区位论，还是霍华德（Ebenezer Howard）的田园城市（Garden City）模型，抑或是伯吉斯（E.Burgess）的同心圆理论，以及受到这些城市模型影响产生的现代主义功能型城市规划方式都体现出地价、交通或者区位价值等因素对于模型建构的主导作用。研究学者们希望通过不断完善这种经济学与社会学的功能模型为城市带来秩序，然而这些早期的城市模型对于城市的构建往往显得机械化和简单化，很难完整反映出真实城市的复杂面貌。因此自 20 世纪 50 年代以来，如凯文·林奇（Kevin Lynch）、克里斯托弗·亚历山大（Alexander Christopher）、简·雅各布斯等一批基于城市物质空间和环境感知分析的现象学领域研究学者开始对功能主义式的城市模型以及规划方式提出质疑。他们通过对比分析现代城市以及传统城市的空间形态，并对人们空间认知及使用方式进行研究，发现城市内部的运作机制远比古典经济学城市模型所描述的更为复杂。雅各布斯在《美国大城市的死于生》一书中指出，城市街区应该是多种城市功能与人群的多元化混合。同时亚历山大也指出传统城市模型所带来的层级化的树形结构缺乏足够的结构复杂性，"从而使我们的城市概念受到损伤。"❶ 这些对于城市空间形态现象学范畴的研究使人们意识到，真正的城市不是孤立的经济学或者社会学模型，而是是一个复杂体。建筑、经济、文化、自然环境以及每一个城市人都是系统中相互影响的元素。20 世纪 90 年代，随着城市地理领域的复杂性研究逐渐兴起，自组织城市模型开始出现。这些模型模拟了城市中多种要素之间相互作用继而发展演进的行为机制，重新将复杂性特征赋予城市。同时随着人们对于城市演化机制认知的不断深入，这一时期针对城市复杂空间形态进行现象学描述的技术方法也开始涌现，由英国伦敦大学学院比尔·希利尔教授及其同事所开发的空间句法理论及技术方法以及由 Stephen Marshall 在研究中所应用的 Netgram/Hetgram 技术方法都为复杂城市空间形态特征的描述提供了有效的技术解决方案。在这一个世纪的发展过程中，城市空间形态领域理论模型与现象学研究之间的这种互相促进和借鉴作用，促使了人们对于城市的理解越来越向事物的本来面貌趋近。

通过上述现象学范畴与理论建模式城市空间形态研究之间的螺旋上升式发展历程可以看到，这两种研究方法论体系所关联的研究出发点、研究视角之间既具有差异性，

❶ 克里斯托弗·亚历山大著. 城市并非树形 [J]. 严小婴译 . 汪坦校 . 建筑师，1985，24（11）: 211.

同时又相互影响。而二者之间的关联则是由这两种自然科学知识类别的本质特性所决定的（图2.1）。现象学解决的问题在于如何把人的思维、身体和外部物质现象联系起来，理论模型注重在整体层面建立起科学性的抽象框架，以及对城市整体进行数据性的描述和研究，并最终实现对整个城市过程的模拟。显而易见，人的空间认知与城市内在运作机制是事物的主体性与客体性之间的关系，其反映了研究属性的基础差异特征。因此本章从"现象学－理论建模"视角为整个研究搭建起一套完整的理论框架体系，其中城市空间模型的建构体现了人们是如何解读城市复杂空间形态的产生过程；而城市空间现象学的研究则体现了人们是如何描述城市的这种复杂空间形态的。

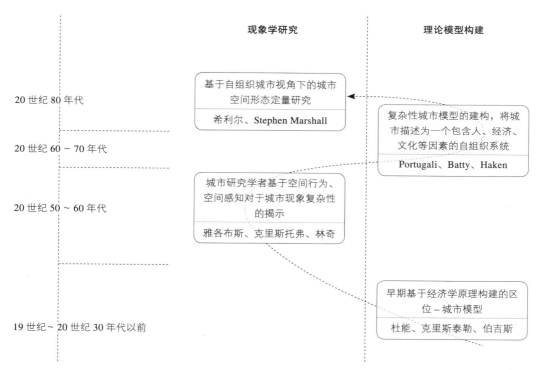

图2.1 在城市空间形态研究领域中，理论模型构建类型研究与现象学类型研究之间螺旋上升式的发展历程

第二节 城市的模型——城市形态生成内在机制的探索

利用模型对城市的形态生成机制进行模拟可帮助人们理解城市空间。城市模型的产生往往建立在研究学者对于城市的理论假设，随着人们对于城市的认识不断深入，新的假设将推翻前人的模型，并被后人所完善。随着理论认知的不断发展更新，模型也更加趋近与城市的真实情况。

一、早期城市经济及社会学模型

城市模型的源头最早可以追溯到 19 世纪初期。1826 年，普鲁士经济学者冯·杜能（Von Thünen）提出了土地使用区位模型（Regional Land Use Model），首次将空间关系和距离因素导进经济学领域，探讨了如何在特定区位寻求最佳的土地利用方式。杜能经过理论归纳，得出了土地利用价值的形成过程：市场距离──农场的价值──地租的决定──经营方式的选择。同时该理论所建立的土地的中心──边缘关系呈同心圆模式分布，属于最早的同心圆概念模型。尽管杜能的区位模型并未直接关注城镇本身，而是城市周围地区的空间组织，主要谈论的是农作物经营与区位的关系，但是他所建立的距离──价值模型对此后城市模型的建立具有深远的影响。直到 20 世纪末，英国伦敦大学学院的高级空间分析中心（CASA）仍以杜能地租理论为基础，借助现代计算机模拟技术，编写了冯·杜能城市经济学模型（The Von Thünen Model），用以演示市场价值与交通距离对于城市土地应用的影响。

20 世纪初，在杜能区位模型的基础上，韦伯（Alfred Weber）提出了工业区位理论。他试图从交通成本、劳动成本以及聚集经济三项因素对工业活动的成本进行综合评价，从而在城市中为工业寻找到具有最小生产成本的区位。与杜能的农业区位模型类似，韦伯的模型也不是针对整体城市的层级理论，但它们对于区域层级的空间组织问题的研究都具有重要的贡献。

1933 年，德国地理学家克里斯泰勒（Walter Christaller）在其著作《德国南部的中心地》一书中提出了中心地理论（Central Place Theory）（图 2.2）。该理论中，他开创性的将地理学空间观点同经济学的价值结合起来，提出了以城市向周边地区提供服务为主要模式的城市体系空间结构理论。该理论认为：区域内部城市空间形成与分化源自于腹地的需求，城市作为区域中心的供给与支撑能力决定了城市的空间等级规模，从而在均质区域内存在"金字塔"形的城市等级规模结构。中心地体系理论的应用在 20 世纪 50 年代计量革命前后广为盛行，对许多均质区域内的城市空间规模等级结构进行了解释和发展预测，并进一步延伸至城市内部空间的中心性和商业中心地体系研究。

继克里斯泰勒之后，奥古斯特·廖什（August Losch）于 1939 年进一步提出了经济地景模型（Loschian Economic Landscape Model）。与中心地理论相似，经济地景模型仍通过经济法则建立城市的空间结构体

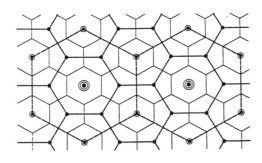

◎ A 级中心地　── B 级市场区
--- A 级市场区　• C 级中心地
◉ B 级中心地　── C 级市场区

图 2.2　中心地理论城市模型

（图片来源：黄亚平. 城市空间理论与空间分析 [M]. 南京：东南大学出版社，2002）

系，但是它不再是像中心地模型一样具有层级结构关系的城市模型，而是强调不同层级之间会有互补性，从而形成某种复杂的网状结构体系。因此廖什模型中的中心地是具有连续性而非阶梯式的等级关系，这也是该模型最重要的贡献之一。与克里斯泰勒的古典中心地理论相比，廖什模型更具灵活性，也更接近现实情况。

克里斯泰勒与廖什的模型在建构过程中都单纯从经济学视角出发，仅关注经济因素对于城市空间结构的影响，而忽略社会文化因素的作用。而在同一时期，美国的芝加哥学派则以古典经济学城市模型为基础，加入社会学的思考，对城市空间结构进行了解析。

1923 年，美国社会学家欧内斯特·伯吉斯（Ernest·Burgess）根据人文生态学（Human Ecology Theories）理论提出了城市同心圆模型（Concentric-Zone Theory）。他通过对美国芝加哥进行研究，提出城市中不同社会阶层的人口流动将会对城市地域产生五种作用力：向心、专门化、分离、离心、向心性离心，从而导致城市地带形成自内向外的同心圆模式的带状分层。伯吉斯在他的城市模型中列出了自内向外的五个城市带：中心商务区（CBD）、商住混合的过渡地带、低收入居住区、中产阶层居住区、通勤者（指每日固定往返于市中心工作地点与郊区住地的人群）居住区。可以认为同心圆模型实际上是杜能模型在城市环境中的体现❶，同时该模型也反映出伯吉斯对于城市空间结构的观点：城市是由高度功能分化同时彼此相互联系的局部组成的功能性整体。

与伯吉斯的同心圆模型相对应，霍默·霍伊特（Homer·Hoyt）于 1939 年提出了扇形模型（Sector Model），而哈里斯（Chauncy Harris）和乌尔曼（Edward·Ullman）则在 1945 年提出了多中心模型（Multiple Nuclei Model）。扇形模型是对于同心圆模型的一次修正。首先霍伊特同样认为城市中心存在 CBD，但由于交通设施从城市中心呈放射型延伸，因此相同类型的土地利用模式将会呈放射状延伸，并形成扇形城市区域。城市中通达性高的区域具有更高的土地利用价值，商业功能占据城市中心而制造业则沿交通线分布。低收入阶层居住在靠近工业和交通的扇形地区中，中产阶级则远离噪音污染居住。多中心模型则认为在 CBD 之外，城市还存在着其他支配中心，而每个中心都支配着一定的地域范围。哈里斯和乌尔曼在研究中发现，城市核心的分化是由 4 个过程交互作用而成：各行业以利益为前提进行区位选择；利益聚集；相互间因利益而导致的分离；房租影响下导致一些行业在理想位置上进行区位迁移的过程。在这 4 个过程作用之下，相互协调的功能在特定地点彼此强化，而不相协调的功能在空间上彼此分离，最终使城市具备了多核心的形态。

20 世纪 60 年代，阿隆索（W.Alonso）在新古典主义经济学理论框架下，提出了城市级差地租——空间竞争理论并建立了相应的城市土地使用的空间分布模型。与此前所述经济学模型相似，阿隆索的城市空间模型仍然关注于市场经济竞争下的

❶　Jean-Paul Rodrigue，Claude Comtois，Brian Slack. The Geography of Transport Systems. New York：Routledge，2009.

选址问题，但他在模型中加入了对不同预算群体对相同区位经济评估的差异性的考量。同时他还指出随区位距离递增，各种土地使用者土地利用效益递减速率也是不相同的。因此该模型相比以往经济学模型更具普遍意义，在现代城市空间结构研究方面也具有更强的说服力。

可以看到无论是基于经济学原理还是社会学研究，早期的城市模型都以空间的功能关系作为建构的基础，经济学以及由经济学主导的社会作用被认为是使得城市形态形成和发展的主要因素。这些研究共同的基础就在于把土地市场看作是一种相对独立运行的城市发展推动力，以资源配置的市场模式作为出发点，探讨城市的空间形态特征。这些模型中，城市的社会结构被理解为人口的社会经济特征，社会结构与城市空间发展的关系被简化为土地利用价值市场机制。这种对城市形态产生机制的认知是同这些模型所产生的时代背景密不可分的，在 19 世纪末以及 20 世纪上半叶以市场资本主义占主导地位的欧美国家，这些基于经济学以及经济基础上的社会学的城市理论模型具有很强的解释力。然而所有这些经济学模型建立的前提都是理想状态下的空间经济行为，在真实世界中，这些理想状态并不存在。同时这些模型忽略了城市中大量复杂因素对城市空间形态的作用与影响，因此在 20 世纪下半叶一度被行为学与空间分析学派模型所代替。

二、行为学派、空间分析学派对经济学城市模型的改良与完善

20 世纪 60 年代出现的行为学派（the Behavioural Approach）城市研究仍然建立在新古典主义经济学的理论基础上，但是与早期经济学城市模型不同，该理论"试图解析在现实状态（而不是理想状态）下的空间经济行为" ❶。

梅尔文·韦伯（Melvin M.Webber）的行为相互影响城市理论（The City as a Communications System）是行为学派中颇具代表性的研究之一。韦伯指出城市的空间形态并不是此前人们所认为的同心圆模式，而是由聚落组团以及城市场所区域组成的集合体。同时韦伯强调，城市是"在行动中的动态系统"（Dynamics System in Action），城市空间布局将会受到三种城市内部作用所表现出的空间模式的影响：交通、居民、货物、信息之间交流的空间模式；活动场所以及交通运输路径的模式；经济功能、社会功能等活动的空间模式。

行为学派对于城市空间形态模型研究的贡献在于：一方面该模型在经济因素之外引入了城市中居民、劳务、交通、信息等要素的相互作用，另一方面该模型强调了空间是一个动态过程，因此该模型与真实城市更为符合。

与行为学派同时期开始出现的空间分析学派则借用自然科学、经济学和社会学的某些理论，利用统计学和数学方法建立城市的空间模型。得益于当时数学计量和

---

❶ 黄亚平 . 城市空间理论与空间分析 [M]. 南京：东南大学出版社，2002：73.

描述能力的极大发展，对于城市空间的结构演变机制的模拟分析研究从传统的图示化的形态模型开始向抽象的数学空间模型演变。这些城市空间模型将城市中的人、交通、活动等因素数量化，并通过统计学方法获得这些要素的运行规律，以这些规律为基础进行城市空间发展预测。空间分析学派中最具影响力的城市模型为劳锐模型（The Lowry Model）。劳锐模型（图 2.3）于 1964 年针对匹兹堡地区而开发，是最早的交通/土地使用模型之一。模型中包含了人口、交通以及人口就业状况三项城市因素，并通过重力模型描述了城市内部因素的空间作用关系。在劳锐模型的假设中，城市由基础性部门（Basic Sector）（工业生产）、零售部门（Retail Sector）和居住（Residential Sector）三部分组成，基础性部门的拓展带来了城市的增长，同时也会影响零售与居住部分的增长，从而最终导致城市人口布局的变化。模型中的影响作用则与交通距离成本直接相关，"交通距离成本越高，城市中各部分（基础、零售和居住）之间的距离也将会越短。" ❶

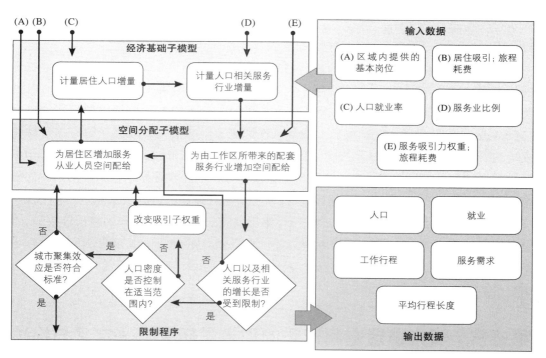

图 2.3 劳锐模型结构图示

（资料来源：根据劳锐基础模型绘制）

尽管劳锐模型的计量方法非常简单，但它对于交通与土地利用之间关系的描述却是非常有效的，因此该模型的建构逻辑也被其他许多模型所借鉴，这类模型被统称为"劳锐类型"模型（Lowry-Type Model）。可以说，劳锐模型是城市空间结构

---

❶ Jean-Paul Rodrigue，Claude Comtois，Brian Slack. The Geography of Transport Systems. New York：Routledge，2009.

研究领域中的一大突破，这种数学计量模型也为现代城市模拟模型树立了标准。但是劳锐模型的局限性在于它是一个静态模型，模型忽略了城市交通与用地系统的发展变化。随着 20 世纪末科学领域中系统科学、分形几何学、混沌理论以及复杂性理论逐渐被应用于城市地理学领域研究中，人们对于城市的理解产生了革命性的转变，而早期的城市模拟模型逐渐为新型的复杂性城市模型所取代。

三、复杂理论城市模型对城市空间形态生成机制的解析

科学领域对于复杂性的研究最早始于 19 世纪，随着对世界认识的深入，人们发现复杂性存在于这个世界的方方面面。从科学研究的视角看来，事物之所以会具有复杂性，皆因为这个世界并非只存在有序和混沌两种状态。复杂性介于随机与有序之间，是随机背景上无规则地组合起来的某种序和结构。❶ 因此，复杂性研究的目的就是要解决无规则的个体如何组成具有总体趋势的整体的问题。严格地说，复杂性并不是一个单一的概念，它与分形、混沌、自组织等科学概念相关，事实上，目前科学界已经习惯于将这些各自独立发展起来学科统称为复杂性研究。

从 20 世纪 60 年代中期开始，复杂性研究领域出现了飞跃式的发展。一批杰出的科学家分别提出了具有开创性的复杂性理论模型，如哈肯（Haken）的协同理论、普里戈金（Prigogine）的耗散结构理论、艾根（Eigen）的催化网络以及曼德布洛特（Mandelbrot）所创立的数学概念上的复杂性理论——分形几何。而正是在这些理论模型的基础上，20 世纪 90 年代自组织城市理论逐步发展形成。❷ 可以认为，自组织就是复杂性在城市发展进程中所表现出的主要特征机制。物理学家彼特·阿兰（Peter Allen）对城市实例的研究表明：村镇和城市内部具有纯粹的自组织机制。❸ 波图加里（Portugali）在《自组织与城市》一书中也指出城市是以自组织的方式增长形成的。❹ 借助于复杂性理论，人们终于可以建立起一种系统化的观点对城市自然增长过程中所显现出的非规则形态进行解释。

第三节　城市街道空间形态的现象学研究——定义与描述

理解复杂城市空间的另一种方法就是直接对城市的空间现象进行描述，而充分

❶ 赫柏林. 复杂性的刻画与"复杂性科学"[J]. 科学，1999. 51（3）：3-8.
❷ Portugali J. Self-Organization and the City. Berlin：Springer-Verlag，2000. 49-50.
❸ Allen，P. A. The evolutionary paradigm of dissipative structures.In the Evolutionary Vision（E. Jantsch，ed.）. Boulder：Westview Press，1981. p. 25-71.
❹ Portugali J. Self-Organization and the City. Berlin：Springer-Verlag，2000. 49.

的形态描述方法也是进行城市设计的前提条件 ❶。

一、早期基于美学视角的城市形态描述理论

19 世纪末，奥地利建筑师卡米罗·西特（Camillo Sitte）在《城市建设艺术》一书中从艺术原则方面对城市空间中实体与空间的相互关系以及形式美的规律进行了深入的探讨。西特认为城市主要由三个体系及其变体组合而成。这三个体系分别为：矩形体系、放射体系、三角形体系。变体则为这三者混合的产物。西特还在传统城市与现代城市的空间之间进行了对比，通过围合性强弱、尺度的协调性、空间的形式美感等方面的描述对城市空间的特性与品质进行了定义。西特对城市外部空间的研究主要关注其形式美规律，并通过词汇描述的方法对空间的形态特征进行了定义，是最早对城市外部空间系统进行系统性分析的理论之一，可以被认为是城市实体空间形态描述分析中最主要的一支理论源流。

二、现代主义时期的城市路网分析技术

现代主义城市规划理念的出现使得城市道路网络设计从城市与建筑设计行业中脱离出来，城市道路的交通功能受到城市规划者们的格外重视，而街道空间的艺术性以及传统街道中曾经容纳的其他社会文化功能则变得不那么重要。现代主义制定了一套新的城市模式，这种模式将道路和建筑从彼此之间的形式关联中解放出来。此时，道路和建筑不再一同被禁锢于街道格网之中，现代主义模式允许道路寻求具有自身流动性的几何形态，同时建筑也可以在自由空间中以颇具雕塑感的三维形体形象展现 ❷。在这种规划思想的主导下，交通工程师和高速公路工程师在这一时期成为城市形态设计的主导。工程师们以交通容量和车辆运行效率作为考虑的基础，建立起一系列道路布局设计导则，而对于街道网络形态的描述也同样是建立在交通流的动力学特性基础上的。哈吉特（Hagget）与柯雷（Chorley）在《地理学网络分析》（Network Analysis in Geography）❸ 一书中对传统的网络分析技术进行了归纳。该书提出网络分析技术应分为网络几何性结构分析和网络拓扑性结构分析两个大类。根据哈吉特和柯利的划分，网络密度计量、网络外形以及网络秩序描述被归纳为进行网络几何性结构特征描述的主要手段；与此对应，基于图论的点线图示分析法则被认为是描述网络拓扑型结构特征的主要方法，这种分析方法被称为"常规交通网络分析法（Conventional Transport Network Analysis）"。现代主义城市规划盛行时期，常规交通网络分析成为城市道路网络布局分析和设计最重要的描述工具。在分析中，

---

❶ Steven Marshall. Streets & Patterns. New York：Spon Press，2005：39.

❷ Steven Marshall. Streets & Patterns. New York：Spon Press，2005：6.

❸ Hagget and Chorley. Network Analysis in Geography. London：Edward Arnold（Publishers）Ltd，1969.

点线图示中的顶点代表主要元素：城市、交通枢纽、道路节点。边线则代表它们之间关系。在这些情况下，节点是研究中的核心，而表达运动的连线，则并不一定代表特定的交通设施，因此只有那些反映节点联系的连线才相对重要。这种描述方式为公路网、铁路网、航空网等以目的地为分析焦点的网络类型提供了有效的分析工具，但对于分析那些以路径本身作为主要关注焦点的网络却并不十分有效。传统的图论描述法不能很好地识别出在城市布局形式研究中，建筑师和城市规划师最为关注的那些与空间本身相关的网络结构特征。这使得交通工程研究中城市街道的另一种重要职能——供人们活动的场所的职能——被忽视了，因此这种现代主义式的规划方式及相应网络形态描述方法随后也受到了城市主义研究者们的质疑。

三、城市主义者对城市街道的再思考

对现代主义城市快速路布局提出质疑的包括简·雅各布斯（Jane Jacobs）和克里斯托弗·亚历山大（Alexander Christopher）等城市研究者。雅各布斯将街道视为城市的生命，但不仅是交通的渠道。随后，亚历山大也论证了街道是融合多种功能于一体的一种城市"形态"。❶ 在他们眼中，单纯以交通作为出发点对城市街道网络进行的描述无法真实反映出城市网络空间的全部特性，并因此常常将随之产生的城市设计引向歧途。城市设计师们开始思考如何将传统城市中作为活动场所的街道空间重新引入现代城市生活中，并着手建立起新的街道网络描述体系，这种对于街道形态的描述与认知，不再囿于对网络运动特性的单方面评价，而是更多地从街道网络的空间本质特征对城市环境进行评价。

凯文·林奇（Kevin Lynch）1960 出版的代表著作《城市意象》（The Image of the City）❷ 中，创新性地提出了一种以人的环境知觉为基础描述城市形态的方法。凯文·林奇提出了人对于城市认知的五个基本要素：街道、标志物、边界、节点、域，并将街道作为城市意向中最为重要的一类空间要素。同时，凯文·林奇又将每个要素分为了：个性、结构、意蕴这三个部分进行解析。在论述街道要素的个性时，凯文·林奇认为"典型的空间特性能够强化特定道路的意象……无论很宽还是很窄的街道都会吸引人的注意……"。❸ 凯文·林奇的研究是在问卷调查以及实地调研的基础上，将诱发人们产生城市空间意象的要素进行了经验性总结。知觉、感觉上的城市空间形式构成了他城市形态理论的核心。该研究的巨大贡献在于林奇突破了以往现代主义城市理论中以交通效率作为唯一评价标准的分析方法，而将心理学的方法和研究成果运用于城市物质空间的分析，将人—环境互动反馈机制作为一个统一的整体来研究，并从城市整体出发，避免了以功能对城市空间进行划分的局限性。

---

❶　Alexander Christopher，The pattern of streets，in Journal of American Institute of Planners，32（5）：273-278 页．

❷　The Image of The City 中译本：凯文·林奇．城市意象 [M]．方益萍，何晓军译．北京：华夏出版社，2001（4）：38．

❸　同上。

继林奇之后，克里斯托弗·亚历山大于 1965 年发表了广受关注的论文《城市并非树形》，论文中他指出一个自然城市应该是由半网络结构构成的，而非现代主义时期所形成的人造城市所普遍具有的树形结构。与树形结构相比，半网络结构具有超乎寻常的结构复杂性，而这种复杂性正是对城市社会结构内在本质的一种反映。可以看到，从树形结构向半网络结构认知的转变，体现了城市研究者对城市的描述与分析由单纯以网络的交通功能作为出发点，开始向对城市社会功能的关注转变。尽管以现在城市的研究观点看来，亚历山大所建构的半网络结构仍远不足以解释城市空间现象的复杂性，但正如著名建筑理论家 C·詹克斯（Charles Jencks）曾在《现代建筑运动》一书中所给予的评价："由于这一新的设计思维和设计方法的诞生，现在，至少在理论上已可能解决丰富而又复杂的城市问题了。"半网络结构的城市模型的建立，在当时具有开创性的影响意义。

同一时期，另一个从空间感知角度对城市街道空间进行研究的学者是日本的芦原义信。他在《街道的美学》（1979）一书中，应用格式塔心理学中的"图形"与"背景"概念对城市街道的空间形态进行描述，并进一步提出了积极空间（P 空间）与消极空间（N 空间）的定义，从感知角度对空间的品质特性进行评价。同时芦原义信也以人眼的视野特性为基础，提出利用 D/H 以及 W/D 作为街道形态的量化描述方法和评价指标。作为一名日本学者，芦原义信对日本和意大利、法国、德国等西欧国家的建筑环境与街道、广场等外部空间进行了深入细致的分析比较，从而归纳出东方和西方在文化体系、空间观念、哲学思想以及美学观念等方面的差异，这些差异在城市空间形态中的体现，因而在我国学术界具有比较重要影响。

另一种城市空间形态分析研究则是基于类型学的。这类研究中最具代表性的学者是来自于卢森堡的罗伯特·克里尔。在 1979 年发表的《城市空间》一书中，克里尔主要讨论了城市空间的形态和现象。在城市研究方法上，R·克里尔十分推崇19 世纪末奥地利建筑理论家卡米诺·西特（Camillo Sitte），但卡米诺·西特主要是从视觉及艺术性角度来探讨城市物质性空间的形式美规律，而克里尔则更深入探讨了城市空间的原型性特征。克里尔将广场分为圆形、方形、三角形三种类型，但他们并不表现真实的城市广场形态，而应被看作是人们存在于心理中的三种广场的"原型"，也就是所谓的城市"集体记忆"。这种看法明显也得益于荣格的"集体无意识"的心理理论。克里尔认为古典城市空间正是由"广场原型"转化的各种形式，同街道加以组合而构成的，克里尔希望通过对这些转化的形式的分析，提取出"广场原型"本身。

20 世纪 60、70 年代纷纷产生的这些城市理论将人们对于街道网络的关注从单纯的交通功能重新带回到街道的城市场所功能和对街道空间的体验中来。然而由于技术的局限，这一时期的城市街道研究大多采用定性的方式对街道网络进行特征性分析。借用 Marshall 对这一时期城市街道研究的评价："与明确的、经常以量化形式出现的公路工程标准不同，城市设计者和规划者们往往需要借助对形态特性的言语描述，或图解性的平面图示实现对理想形态的表达。"❶ 随之而来的问题就是这种描述方式在对街道系统空间形态描述时往往由于过于含混而引发歧义。不同的研究者会使用相同的词汇去描述不同的特征形态，或者使用不同的词汇描述同一种特征。例如在规划理论文献中，可以发现诸如"连贯的（Coherence）""明确的（Clarity）""易读的（Legibility）"之类的术语几乎随处可见（图2.4），人们往往不假思索地使用这些词语来形容城市结构的理想特性。然而在描述过程中，这些术语所试图阐明的意义，却显得并不明确。这就说明形态不可能单纯用文字进行准确的描述，研究中街道形态样本明确还是不明确，连贯还是不连贯，易读还是不易读，都应该是可被区分开的。随着对街道系统认知需求的增加，人们需要更为精确的描述方式对设计进行指导。

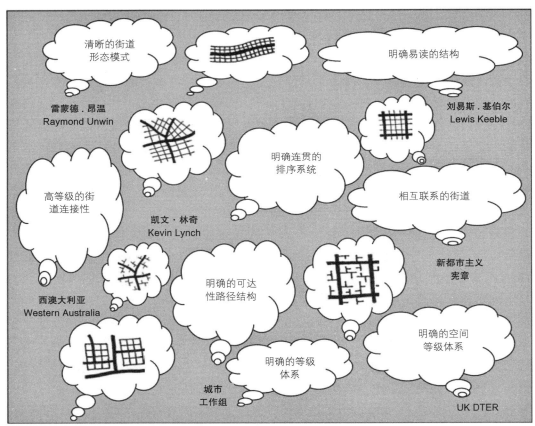

图2.4 一些传统规划文献中对城市结构所使用的词汇描述。这种含混的描述方式最终导致设计的不确定性

（资料来源：Steven Marshall. Streets & Patterns. New York：Spon Press，2005: 30.）

---

❶ Steven Marshall. Streets & Patterns. New York：Spon Press，2005: 29.

四、量化城市街道网络空间形态描述技术

在过去二十年中，随着学科之间的界限被打破一些跨学科的技术方法被引入城市与建筑研究领域，一系列新型的街道系统量化描述技术出现在人们视野之中。与传统的交通流量计算有所不同的是，这些量化研究方法在具备量化描述功能的同时，更关注街道网络形态对人们空间体验感受的影响。

1983 年，英国伦敦大学比尔·希利尔（Bill Hillier）教授及其同事提出了空间句法理论及相应街道网络空间分析技术，该方法目前已被运用于建筑内部以及城市的空间结构分析中。空间句法将空间本体看作一种独立现象，通过对城市空间关联模式的构成关系的拓扑学计量，认知并理解城市。该理论明确地指出一个布局中的"链接"元素对空间表现具有重要意义，因而与道路工程设计所采用的点线图示分析法不同，空间句法分析建立于"视觉轴线"的组构基础之上，这些轴线反映了边界空间（bounded space，具有边界、非扩散化的空间）的几何特性。在网络特性描述过程中，除了常规交通工程分析中的连接性（Connectivity）概念，空间句法还引入了深度值（Depth）、整合度（Integration）、可理解性（Intelligence）等拓扑特征描述参数。相对于常规交通网络分析法，空间句法将空间中运动的流线置于核心位置加以考虑，从而能够更恰当地表达出城市街道网络的空间结构，为城市设计师和建筑师提供了一种替代传统街道网络拓扑分析的有效工具。

继空间句法研究之后，英国伦敦大学的史蒂芬·马绍尔（Stephen·Marshall）在所著《街道形态》（Streets & Patterns，2005）一书中，进一步深入探索了街道网络的拓扑形态特性。马绍尔的研究延续了空间句法在街道网络空间拓扑特征方面的研究，并通过一种全新的被称为"路径结构分析"（Route Structure Analysis）的描述技术，针对整体层面的网络以及网络环境下的路径提出了连续性、连接性、深度、复杂性等形态特征参量的量化描述方法。空间句法与路径结构分析都是基于城市空间环境认知的街道网络拓扑特性定量描述技术，二者所提供的街网形态参数描述方法彼此相互补充，从而共同搭建起一套系统化的街道网络拓扑结构认知理论体系以及相应定量描述方法。

与拓扑结构研究相对应，近年来在城市设计领域对城市街网空间的几何形态特征描述也逐渐由定性描述向定量描述转变，而对街道网络系统几何特性的量化分析主要通过网络密度计量得以实现。例如 2003 年朱塞普·伯瑞索（Giuseppe Borruso）在对意大利特里亚斯特（Trieste）和英国斯温登（Swindon）进行城市中心区边界研究时便曾通过分析网络密度的空间分布模式对城市边界进行识别和定义。[1] 而在梅塔（Meta）

---

[1] Giuseppe Borruso. Network Density and the Delimitation of Urban Areas. Transactions in GIS，2003，7（2）：177-191.

与豪普特（Haupt）在《空间、密度与城市形态》（Space，Density and Urban Form）研究中，网络密度同样也被作为主要的量化描述参数对城市的空间形态进行定义。❶

可以看到，人们在城市设计操作过程中对于城市空间形态深入认知的需求促使了街道网络的形态描述技术不断发展进步，从早期单纯的基于美学或者交通功能的分析描述方式，逐步发展为更为全面反映街道的城市场所特征，并且更具科学性与明确性的定量描述方式。城市空间认知研究同计量科学的结合，使得研究者对于街道空间的理解达到了前所未有的深度，而量化描述也成为当前国际城市空间形态研究领域一种非常重要的研究手段。

第四节　国内城市空间形态研究概述

我国城市形态研究虽然自 20 世纪 30 年代开始起步，但中间经历了较长时间停滞期，直到 20 世纪 80 年代初，随着国内城市建设的高速发展，我国当代城市形态研究也随之开始兴起。初期的国内建筑及规划研究以对国外理论引入和综述作为主要形式，亚历山大、林奇、芦原义信、诺伯格·舒尔茨等一批著名学者的主要理论著作即于该时期被大量介绍到中国。而随着国内学者研究内容的深度和广度的提高，创新性的研究成果开始逐渐涌现。

在城市形态发展解析研究方面，武进 20 世纪 90 年代通过《中国城市形态：结构、特征及演变》一书探讨了中国城市形态发展的主要特征。王建国通过对常熟城市空间发展演变历程的研究，分析了常熟市"十里青山半入城"的城市形态特征。胡俊则在 1995 年进行了关于中国城市模式与演进的开创性研究。齐康（1997）与段进（1999）则从建筑学的角度分析了城市形态的概念、理论和方法。进入 2000 年来，国内一些研究学者开始以复杂城市理论为基础，探索自组织机制下的城市空间形态生成机制。例如黎夏与叶嘉安共同提出了基于神经网络的元胞自动机（CA）城市模拟模型（2002），并利用该模型对广州东莞市的城市扩张过程进行模拟。陈彦光则著有《分形城市系统：标度·对称·空间复杂性》（2008）一书，该书以广义城市系统为实证分析对象，借助于分形几何、混沌数学等后现代数学理论和相关的系统思想，探索复杂结构形成的简单规则及其数学描述方式。此外，徐昔保、杨桂山与张建明利用由英国伦敦大学学院高级空间分析中心（CASA）Xie 等人开发的 DUEM 元胞自动机城市模拟模型对兰州市城市土地利用的变化进行了空间模拟及实证研究（2009），龙瀛、毛其智和党安荣则同样使用元胞自动机模型对北京城市发展进行了模拟分析。

---

❶ Meta and Haupt. Space，Density and Urban Form. TU-Delft，2009.

而在城市形态分析与描述研究方面，自 20 世纪 90 年代中期以后，相关研究也愈加丰富。清华大学朱文一运用符号学理论和方法，将城市空间定义为某种符号空间，并把城市空间划分为六要素：郊野公园、城市大街、城市广场、城市的"院"、城市街道、城市公园，从而用六种符号空间类型：游牧空间、路径空间、广场空间、领域空间、街道空间、理想空间相对应。朱文一试图运用符号学理论与方法，建构起一套城市空间分析框架。2000 年后，随着 GIS 技术以及空间句法等定量研究手段的引进，国内一些学者开始借用这些技术方法对国内城市展开实证分析与研究。储金龙在《城市空间形态定量分析研究》（2007）中借助 GIS 分析平台以及地理学、几何学等相关学科的理论方法，对合肥市城市扩展空间分异特征进行了量化描述。段进等人运用空间句法工具对苏州、天津南京等城市的拓扑空间形态在历史发展过程中的动态变化特征进行了研究[1]。朱东风则以苏州城市为例，借助于由空间句法分析工具与 GIS 共同搭建的研究平台，对城市空间发展的拓扑形态特征进行了深入探索（2007）。而李立则以太湖流域村落为例，探讨了基于复杂适应系统以及空间句法理论的空间优化方法。

可以看到，近几十年来，我国在城市形态研究领域，无论是理论方面还是应用方面，都取得了大量的成果，为我国城市规划实践提供了重要的引导。但是从目前的研究成果来看，国内实证研究较多，而致力于基础理论与通用型方法工具的探索型研究尚相对缺乏；另外，国内城市空间形态研究仍较多采用定性描述、理论概括和解释论证等方法，虽然近年来对量化方法的应用相比以往有较大进步，但在应用和实证研究深度上与国外研究相比仍有一定差距[2]。因此如何在研究中构建完整的城市形态理论体系、拓展城市形态分析方法，如何在借鉴国外规划理论和分析方法的同时，关注城市研究的地域性、多样性和可持续性是我国城市空间形态研究今后发展的重点。

第五节 城市街道网络空间形态定量分析的理论框架

一、城市空间系统的组织机制

探讨城市空间系统的组织机制，将为城市空间系统形态定量分析理论框架的搭建提供必要的认知前提。通过前文分析，我们可以看到复杂性城市模型大大突破了以往各种城市空间模型研究的局限性，使得对于城市空间形态演化机制的认知不再片面地探讨城市某一特定领域的局部性规律，而是可以从整体的角度抓住城市空间系统中最为核心的空间特征。因此本书以复杂性城市理论作为城市系统组织认知的

❶ 段进，比尔·希利尔等. 空间研究 3：空间句法与城市规划 [M]. 南京：东南大学出版社，2007.
❷ 冯建. 转型期中国城市内部空间重构 [M]. 北京：科学出版社，2004.

基础，并在此基础上对城市所展现出的复杂性空间形态结构进行描述。

根据复杂性理论自组织生成观点，一个复杂系统中包含多个组成部分，尽管各个部分的行为方式呈现出自由随机的状态，但是它们之间存在着一种隐含的协同性并彼此相互影响。在总体层面上各部分之间的协同运作受到系统内部或者外部某一控制参量的驱动，并引导系统各部分最终以特定的运行模式向某一稳定态收敛，在物理学领域中，这种稳定态被称为"吸引子（Attractor）"。借助于上述复杂性系统理论，城市空间形态在形成过程中所出现的所有看似无规则的繁杂的现象都可以通过一个理论平台进行系统性的解析。城市环境中，复杂系统的各个部分即为城市的各个构成要素——个人、家庭、公司、公共或者私人规划机构等。这些要素受到特定控制参量的影响——文化传统、社会结构、所有制方式、法律体系等——以统计学趋势发展。在控制参量引导下，城市会进入一个相对稳定的阶段。一旦新的控制参量加入系统，城市将再次经历一个变迁的过程，直到进入新的稳定态。

通过上述对复杂性城市系统运作模式的描述可以看到，复杂性体现于系统的全局特性之中，而对于系统中每一个行为个体而言并不具有复杂的特性，事实上"简单诱因导致复杂结果"也是大多数复杂性城市模拟模型所采用的基本原则。Portugali将现有的的自组织城市理论模型划分为七大领域：基于耗散结构理论的耗散城市、基于协同理论的协同城市、基于混沌理论的混沌城市、基于分形理论的分形城市、基于元胞自动机模型 [Cellular Automata，（CA）] 的元胞城市、基于自组织临界模型的沙堆城市以及基于"元胞空间上的自由行为体"[Free Agents on a Cellular Space，（FACS）] 与 "互表示网络"[Inter-Representation Network，（IRN）] 的 FACS 和 IRN 城市。❶ 以上七种城市理论模型之间都存在着某种直接或者间接的学术关联。近十年来，以以色列特拉维夫大学（Tel Aviv University）环境模拟实验室（ES-Lab）以及英国伦敦大学学院（University College London，UCL）高级空间分析中心（Centre for Advanced Spatial Analysis，CASA）为代表，城市复杂性研究成果不断面世。而这两家研究机构所使用的 CA（元胞自动机）以及 AB（Agent Based 基于行为体）模型也成为当前最普遍使用的复杂性城市模拟模型。

（一）行为体（Agent）

"行为体即为城市对象，既可以是生命体也可以是非生命体"。❷ 上文中所提到的城市的各个组织部分即可理解为行为体，因此个人、机构、私人公司都可以作为有生命的行为体；无生命的行为体则包括城市的自然环境、城市肌理、街道界面等。所有有生命的行为体都具有各自行为特性，在基于行为体（AB）的城市模型中，这种行为特性常被描述为算法中的规则。

---

❶ Portugali J. Self-Organization and the City. Berlin：Springer-Verlag，2000. 49-50.

❷ Michael A. McAdams. Complexity Theory and Urban Planning. Fatih University，Istanbul，2008. 5.

（二）元胞自动机（Cellular Automata，CA）

元胞空间是由细胞元栅格排列形成的城市空间模型，而元胞自动机则指一个细胞单元在与相邻的一个或多个细胞的相互作用下产生变化的机制。相对于行为体，细胞元所代表的是城市中的静态构成要素，如城市基础设施或者用地性质。元胞自动机（CA）可以独立作为城市模拟模型，也可以与行为体共同构建起一个城市模拟模型（如 Portugali 提出的 FACS 模型），此时元胞空间成为行为体运行的空间基础，细胞元既受到临近单元的影响，也会受到行动体作用的影响。

（三）自组织（Self-Organization）

自组织是一个复杂城市系统的核心特性，它描述了在外部参量控制下，由行为体的微观无序行为引发的，经由元胞自动机最终导致的系统转变进程。自组织过程常伴有系统内部的竞争和筛选机制产生：系统内同时存在多条发展趋势，通过竞争将产生一条获胜趋势，不符合获胜趋势的动态变化将会被筛选淘汰，最终该趋势控制系统进入特定稳定态。

（四）稳定态（Emergent State）

系统发展进程的最终结果。一个复杂系统或者处于稳定态中，或者处于向某一稳定态演变的进程之中。需要注意的是，稳定态并非一种绝对平衡的状态，稳定态可能会持续一段较长的时期，但是自组织机制也会导致一个处于稳定态的系统向新的稳定态演变。

在了解了复杂性理论中有关城市演进机制中的各个概念后，接下来需要解决的问题就是如何利用这些复杂性概念对城市进行规划。与传统规划中制定明确的规划蓝图不同，复杂性城市规划需要制定城市单元与行为体的运作规则算法。这套算法可用于策动城市的发展，从而不再需要人为制定某种具体的城市发展方向。复杂城市模型中的算法可以理解为前文所提到的城市系统的控制参量。这些参量是引导城市发展的原动力，但它们不会对发展模式本身进行描述。城市系统会在控制参量的影响下，经由组织的过程最终形成稳定的城市特征。

二、城市街道网络空间形态定量描述分析的理论框架

在上述复杂城市空间形态组织机制认知的基础上，根据研究需要，确立城市街道网络空间形态描述的整体框架体系，框架体系包括城市街道网络的几何形态特征分析、城市街道网络的拓扑形态特征分析两个子系统。

（一）城市街道网络的几何形态特征分析

城市街道网络的几何形态特征是城市使用者在空间认知过程中所获得的最为直观的空间信息，所有同几何图形尺度形状有关的特征均属于几何形态特征，这其中包括长度、面积、角度、曲率等参量。本研究中，网络密度计量将被作为一种主要的街道网络几何形态描述手段，并结合传统几何空间形态变量对不同城市样本形态特征进行识别与定量研究。

（1）建立起基于网络密度的城市街道几何特征量化描述技术。通过该描述技术实现对不同网络密度参量的完整采集。

（2）选取来自于世界不同地区多种类型的街道网络样本，分析总结不同类型网络样本网络密度值变化特征。通过量化描述技术进行对比分析，获得密度量化指标同街道网络空间类型的关联。

（3）借助于 GIS 平台，将网络密度描述技术应用于全局尺度的城市案例分析之中，获取不同城市的完整网络密度形态数据库。

（4）该子系统核心是基于 GIS 的空间分析平台。通过 GIS 地理信息系统的数据处理及数据图像化功能，可以获得来自于各个城市样本的不同类型的空间数据，用以比较分析各个城市案例中街道网络几何形态结构的空间分布和动态特征。

（二）城市街道网络的拓扑形态特征分析

拓扑性质是任何一个图形均具有的抽象结构特征，它描述了拓扑网络所具有的内在结构关系。对于城市街道网络结构分析而言，拓扑分析遵循了图论原理，将空间要素抽象为由节点边线构成的点线图示，并进而探讨其结构关系。前文所述常规交通网络分析法、空间句法以及路径结构分析法均为城市研究领域内的拓扑分析方法。本书将主要采用空间句法与路径结构分析技术作为城市街道网络定量描述工具。

（1）确定街道网络拓扑形态参数及其代表的形态含义。

（2）利用空间句法及路径结构分析技术对街道网络样本进行定量分析，总结不同类型网络样本拓扑属性特征值变化模式。建立拓扑形态量化指标同街道网络空间类型的关联。

（3）根据城市现状地图建立轴线地图，获取空间句法基础数据，包括轴线（Axial Lines）、节点（Junctions）。利用空间句法及路径结构分析技术对城市案例进行量化描述，获取不同城市街道网络的拓扑形态变量数据库。

（4）利用空间句法结合 GIS 技术平台进行数据处理，得出不同类型的空间数据，用以比较分析城市空间拓扑结构变化特征和评价结论。

研究最终将对城市案例的几何形态与拓扑形态分析结果进行比对分析，总结相同城市网络中几何形态分布特征同拓扑形态分布特征的关联性与差异性，从更深层次发掘城市空间复杂形态现象的本质特性。

第三章 街道网络几何性空间形态变量测算

在上一章中探讨了城市空间形态形成机制理论以及传统的城市空间分析方法，并在此基础上提出了城市街道网络空间形态分析的理论框架。本章及下一章将首先针对该框架下街道网络的几何性空间形态特征进行深入探索，提出相应的定量空间分析方法并应用于城市实证研究中。空间分析是以地理事物的空间位置和形态为基础，以地理学原理为依托，以空间数据运算为特征，提取与产生新的空间信息的技术和过程。❶在空间分析中，特征描述参量是实现定量研究的核心要素。本章的研究便围绕街道网络几何形态特征参量的定义与计算方法展开。研究首先总结了基于街道空间片段的传统形态描述指标，随后提出了可对区域性街道网络进行形态描述的网络密度参量，并以该参量为基础建立起一套被称为"密度图表"的图解描述方法。之后通过对一系列网络样本的量化描述，识别不同网络类型所表现出的几何形态特征。

第一节 街道空间度量的基本量化指标

早期人们对于街道空间的研究是从局部的街道场景展开的，在当时，网络概念还未被作为独立的城市设计对象被加以分析，对于街道空间的研究局限于人所能感知的街道空间范围内。19世纪城市研究学者卡米罗·西特（Camillo Sitte）就曾指出："街道网络的唯一作用是用于通行，而本身不具有艺术性。因为它不可能被人所感知，如果不通过平面图就不可能从整体上把握它……只有那些能被观察者一下子观察到并把握的东西才具有艺术的重要性。例如，单一的街道或者独立的广场。"❷因此最初人们对于街道空间的描述大多局限于对于单一街道，或者街道断面的描述之上。

一、街道断面宽度

无论对于城市设计者还是交通工程师，街道断面宽度一直以来都是用于描述或

---

❶ 郭仁忠. 空间分析 [M]. 第 2 版. 北京：高等教育出版社，2001.

❷ Sitte，Camillo. City Planning According to Artistic Principles[M]. New York：Random House，1965.

者营造街道形态最为重要的工具。在中国古代，《周礼》一书中便对城市街道的尺度进行限定，要求南北向主要街道应可容纳 9 辆战车并行（经涂九轨），以此确定王城街道的空间形式。而在传统穆斯林城市中，规定了公共街道的最小宽度为七个库比特（cubit，约 3.2m）。而在 1662 年颁布的伦敦城市重建法案中也根据道路的宽度对城市街道的类型进行了划分（表 3.1）。

1662 年颁布伦敦城市重建法案中利用道路宽度对街道类型进行划分　　表 3.1

伦敦城市重建法案（1662 年）			
1. 高等级主干街道	2. 节点道路和街道	3. 双向道	4. 窄道
40 英尺	35 英尺	14 英尺	9 英尺

至于现代，无论是在交通工程设计领域还是城市设计研究中，街道断面宽度都是对街道进行类型学划分或确定道路系统的等级关系的重要量化指标。1992 年由建筑师克里格（Krieger）与莱纳兹（Lennertz）所提出的阿瓦隆设计条例（Avalon Design Code）中，便通过道路宽度将城市道路系统与乡村道路系统分别划分为七个等级（表 3.2）。这样的等级街道网络系统覆盖了所有街道类型，并在该设计条例中分别同相应的城市功能以及交通运行模式对应。而在凯文·林奇基于环境知觉与人类行为的城市设计研究中，也认为街道的宽度作为街道的空间特性，将会强化道路在使用者头脑中所形成的意向，他指出："无论很宽还是很窄的街道都会吸引人的注意。"❶

阿瓦隆设计条例中对于街道宽度与街道类型的设定　　表 3.2

阿瓦隆设计条例（Avalon Design Code）						
街道宽度	160 英尺	100 英尺	80 英尺	70 英尺	54 英尺	44 英尺	24 英尺
更城市化街道类型	林荫大道	林荫大道	主街	街道	小街	庭院	胡同
更郊区化街道类型	公园路	高速公路	大道	路	小路	小巷	小径

通过以上论述可以看到，街道宽度几乎是在街道空间设计过程中设计者们首先诉求的特性指标，它同街道使用者的直观感知相关。但是由于在真实城市街道系统中大多数街道的宽度随街道的延伸都会产生动态的变化，而较少出现完全等宽的齐整街道，因此此前对于街道宽度的度量大多局限于局部区域的特定道路断面宽度。

二、街段长度

在街道空间中，另一个影响人们空间认知感受的物理特性就是街段的长度，或者也可以理解为街区的尺度。街段的尺度特征同样决定了人们脑海中所形成城市空

❶ 凯文·林奇. 城市意象 [M]. 北京：华夏出版社，2001（4）：38.

间的形象。古希腊城市的条状街块分割方式与古罗马时代的方格网布局均是在规划的过程中通过特意控制相对统一的街区尺度，最终形成了各具代表性的古典格网城市布局。例如建于公元前 300 年左右的一系列希腊殖民城市：安条克（Antioch）、塞琉西亚（Seleucia Pieria）、阿帕美亚（Apamea）、劳迪西亚（Laodicea）都拥有几乎相同的街区尺度，街块的长短边分别为 112m 与 58m。而在罗马时期，街块采用方形作为单元母题，同时尺度变得更大，例如当时形成的殖民地城市奥斯塔（Aosta）街块为 70m×80m，温切斯特（Winchester）的街块为单边 134m。

进入 20 世纪，随着机动车交通逐渐成为城市道路的统治者，现代主义巨型街块也陆续在一些新建城市区域中出现。由柯布西耶主持设计，于 1951 年开始建设的印度旁遮普（Punjab）地区首府昌迪加尔（Chandigarh）拥有 800m×1200m 的巨型街块。而始建于 1967 年，被称为最彻底实现了现代主义格网的城市实例——米尔顿·凯恩斯（Milton Keynes）——的网络系统则划分出 1 公里左右见方的机动车道路格网。

不同的街道尺度特征同时也标记了不同的街道空间印记，同时也对人们的感受与使用行为产生影响。当代建筑学者 Sola·Morales 在其著作中也曾指出：小尺度街区能够为城市提供了更多的公共性道路空间以及临街建筑面。[1] 而简·雅各布斯在《美国大城市的死与生》一书中使用了一整章的篇幅对街区（段）尺度同城市生活活力之间的关系进行了论述。她宣扬城市中需要小尺度的街块，因为只有这种街道网络才能够激发出城市的活力。[2] 在雅各布斯的比较分析中，诸如伦敦格林尼治村地区以及波士顿北区之类具有短小街段和丰富道路交叉的城市区域往往表现出城市最成功的一面，而例如曼哈顿中心区域这样具有长达 800 英尺（合 240m）街段的城市区域往往是沉闷单调、缺乏经济和商业的吸引力。尽管雅各布斯在研究中并未确切说明街段尺度与城市空间质量之间的系，但是通过大量案例分析，她向人们揭示了街段尺度确实在影响着人们的空间认知和使用行为。雅各布斯的这一观点被此后众多学者所接受，例如城市研究学者斯科纳（Siksna）在对街块尺度的研究中就再一次论证了雅各布斯提出的理论，同时他指出如果城市街块初始设计尺度过大，那么在使用过程中街块内部一定会被加入新的街道或者捷径对其进行再次分割，从而产生更小的街块。[3] 通过这些研究者的论述，可以了解到街段的尺度同街道空间所承载的社会生活具有密切的关联。

三、沿街建筑高度

空间作为一种可在三个维度同时被感知的形态对象，它在垂直方向上的尺度特

---

[1] De Sola-Morales，M. Towards a definition：analysis of urban growth in the nineteenth century. Lotus，1978：28-36.
[2] Jane Jacobs. The death and life of great American cities. New York：Random House，1961：178-186.
[3] Siksna. A. The effects of block size and form in North American and Australian city centres. Urban Morphology. 1997（1）：19-33.

性同样会影响人们对不同空间的辨识。到 19 世纪末 20 世纪初，欧洲大多数国家都开始通过规划法令对沿街建筑高度与街道宽度进行限定。巴黎 1902 年城市规划法案中规定，只有宽度超过 20m 的街道才可以在沿街修建高度达到 7 层的建筑。在柏林，建筑的最大高度被限制在 5 层。1878 年在荷兰，城市规划师范·尼夫特里克（Van Niftrik）曾指出城市街道的宽度应为沿街最高建筑高度的 1 ~ 1.5 倍。

20 世纪初，格罗皮乌斯（Gropius）也对建筑高度同街道宽度之间的关系进行了研究。他认为可以通过修建高层建筑，在增加城市开放空间的同时而不降低区域所能提供的住房数量（或者居住人口密度）。然而此后的 20 世纪 70 年代，亚历山大等学者则开始针对城市建筑高度问题极力反对现代主义高层建筑式的城市发展模式，并将心理学研究成果（防卫性空间）引入该问题讨论中，指出应对所有建筑进行高度限制（图 3.1）。

图 3.1 亚历山大对于最大建筑高度同容积率之间关系的探讨

（资料来源：Alexander，E.R.A.. Pattern Language-Towns，buildings，construction. New York：Oxford University Press，1977.）

而在同一时期，日本学者芦原义信也对街道建筑高度同街道宽度之间的关系进行了分析。他将街道宽度设为 D，建筑外墙的高度设为 H，继而计算 D/H 的比值。通过对一系列城市街道实例的研究，芦原义信认为：当 D/H>1 时，随着比值的增大会逐渐产生远离之感，超过 2 时则产生宽阔之感；当 D/H<1 时，随着比值减小会产生接近之感；而当 D/H=1 时，高度与宽度之间存在着一种匀称之感。❶ 他利用欧洲城市不同发展时期的城市类型对街道高宽比这一关系指标进行了解释说明：中世纪城市街道狭窄，D/H=0.5。文艺复兴时期街道宽度与高度大致相等，即 D/H=1。巴洛克时期，中世纪的比例被颠倒过来，街道宽度为建筑高度的 2 倍，即 D/H=2（图 3.2）。

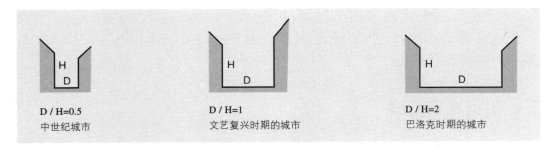

D/H=0.5
中世纪城市

D/H=1
文艺复兴时期的城市

D/H=2
巴洛克时期的城市

图 3.2 芦原义信对于街道高宽比与街道类型之间关联的描述

（资料来源：芦原义信著 . 街道的美学 [M]. 尹培桐译 . 天津：百花文艺出版社，2006：47.）

───────
❶ 芦原义信 . 街道的美学 [M]. 尹培桐译 . 天津：百花文艺出版社，2006.

第二节　网络尺度下的街道几何形态描述指标
——街道网络密度

通过上述论述可以看到，街道路径长度、断面宽度、街段尺度以及沿街建筑高度共同为描述街道空间形态提供了量化评价的指标，这些指标在传统城市街道分析中广为使用，为城市空间的认知与设计提供了可供参考的评判依据。然而在对上述量化指标的研究中可以看到，这些指标所具有的一个共同的问题就是对于空间的描述都是局部和片段性的。由于真实城市空间形态变化的复杂性，无论是街道的长度、还是宽度抑或是高度，都无法同时描述一个区域的总体空间形态特征以及特征变化模式，这致使上述各种量化指标在实际城市空间的分析与设计实践中往往流于笼统的归纳与定性比较，而缺乏作为精确量化控制指标的可操作性。例如，不可能逐米测定某条街道的宽度以及沿街建筑高度变化并求取均值，同时这种做法也同人们在使用城市空间时基于连续微观尺度感知形成宏观尺度的整体记忆过程相悖。因此若要实现对街道网络这个空间连续体的准确描述与控制，就需要更具整体性的几何形态描述指标，从网络尺度出发实现对街道系统空间特征的定义。

网络密度概念在本书中被作为一种从区域性视角对街道系统几何形态特性进行描述的量化指标提出。网络密度可以被定义为单位面积内街道网络的量。通过这一定义可以看到，网络密度参量将街道网络的几何形态同网络所延伸的区域关联起来，从而实现了整体角度的网络特征计量。事实上，网络密度并不是一个新的概念。现代主义时期，城市地理学领域以及交通工程领域计算中便引入了网络密度指标作为区域路网评价指标，并以此为依据预测道路系统的交通容量。哈吉特和柯雷（Hagget and Chorley）在其 1969 年出版的《地理学网络分析》（Network Analysis in Geography）一书中对该时期的网络分析技术进行了归纳。书中以单位区域内交通通道所占面积比例作为计量指标对网络密度参量进行定义，并通过分析建立起网络系统与区域空间之间的关系。在对多个城市案例分析的基础上，研究最终得出结论：交通网络密度的分布同中心地理论相吻合，随着城市区域与 CBD 距离的增加，交通网络密度也相应降低。

在同一时期，美国城市学者博切特（John R. Borchert）曾利用网络密度参量对美国明尼阿波利斯－圣保罗都市区空间形态进行了分析。但是与哈吉特和乔利有所区别的是，他在研究中以单位区域内道路节点数目作为道路网络密度的量化指标。

进入 21 世纪来，很多城市学者仍然坚持以网络密度指标作为主要的形态分析工具对城市区域的空间分布特征进行研究。朱塞普·伯瑞索（Giuseppe Borruso）（2003）

通过研究城市街道网络密度指标的空间分布模式，对意大利的特里亚斯特（Trieste）和英国的斯温登（Swindon）的城市边界进行识别和定义。他在研究中主要继承了博切特的密度计量方法，同时加入了一种以等值线图示城市网络密度分布变化的密度分析技术，该技术被称为核心密度预估分析（KDE，Kernel Density Estimation）而在梅塔与豪普特（Meta and Haupt）的《空间、密度与城市形态》（2009）研究中，网络密度同样也被作为主要的量化描述参数对城市的空间形态进行描述和定义。他们以单位（每 m²）基地地块中所含有的网络路径长度（m）作为计量标准获得城市地块中网络密度数据，并结合其他密度指标参数，如容积率与建筑覆盖率，对城市建成环境的形态类型、特征以及空间性能进行研究。

尽管这些网络密度研究为从区域尺度理解城市街道网络形态提供了有效工具，但是在深入探讨网络密度指标与街道系统空间形态的关系时会发现两个问题。

首先，网络密度参量的计算方法缺乏统一的标准。在《地理学网络分析》中，哈吉特与柯雷将"交通渠道占用城市空间的比率"作为衡量网络密度的指标；伯瑞索通过逐一计量方格网覆盖范围内道路节点数标示网络密度值；而梅塔与豪普特则将每单位面积内网络长度作为网络密度特征值。尽管以上这些网络密度计量方法之间都存在着或多或少的相关性❶，然而这些计量方式所表达的空间含义仍然存在着差异，无法相互取代，而运用不同计量方式所进行的城市案例分析也难以进行横向比较。

其次，目前所普遍使用的街道网络密度分析方法都只能从特定方面反映城市的某种空间现象——如城市中心区边界或者城市交通性能分析等，而在对街道网络系统进行独立的空间形态分析时，现有的任何一种密度计量方法都无法完整地描述出网络的几何形态特征。

之所以会出现以上问题，是由于传统网络密度计量主要来自于道路工程设计中对交通流量及容量所进行的预测计算，其算法本身并非以表达街道的空间含义为目的。因此本研究在以网络密度作为街道网络空间形态描述变量对城市进行分析之前，首先需要进一步探索网络密度指标所能表达的空间含义，以及相应的计量与描述方法。

一、网络模型

为了对网络密度所表达的空间内涵进行深入探索，研究使用了 6 个简化的均质格网状路网模型（路网 A、B、C、a、b、c）（图 3.3），为了凸显不同网络的某些形态差异，这些模型被人为设定涵盖了某些在真实城市中不可能出现的极限网络布局，通过对这些网络模型密度特征进行比较分析，研究尝试利用网络密度指标对特定网络空间特征进行解析。

---

❶ Borchert 在研究中发现网络长度密度和网络节点密度之间存在着很高的相关性。Borchert J R. The Twin Cities urbanized areas：Past，present，and future. Geographical Review，1961，51：47-70.

6 个简化网络模型覆盖面积均为 160000m² (400m × 400m), 且都为阵列布置的方形格网, 它们之间主要体现出网络空间的尺度形态差异。网络 A、B、C 道路宽度同为 5m, 其街块单边长度分别为 45m、95m 和 195m; 网络 a、b、c 道路宽度同为 30m, 其街块单边长度分别为 20m、70m 和 170m。网络模型中, A、C、a、c 分别代表了城市中可能出现的四种极端网络尺度类型, 而 B、b 则在它们之间形成过渡。通过路网 A、B、C、a、b、c 这样一组具有不同几何性特征的网络布局的设置, 可以在进行网络密度计量与分析过程中, 检验其是否能够完整地反映出不同网络的所有空间尺度信息。

二、街道网络的线密度 (N$_l$)

传统交通工程中最常使用的网络密度计量方法是以单位区域面积内所包含的网络长度对网络密度进行标识, 因为在计量过程中街道被简化为一维线段, 因此该网络密度计量结果可被称为网络的线密度 (N$_l$)。根据该网络密度定义, 网络线密度可表达为地块内网络路径长度总和与地块面积的比值 (公式 3-1)。所得密度计量值的单位为 (m/m²)。

$$N_l = \frac{\Sigma L_x}{A} \qquad (3-1)$$

其中 N$_l$= 网络长度密度, L$_x$= 路网中路径长度, A= 地块面积。

根据以上公式可得各个路网进行密度测算, 测算结果及数据统计见图 3.4 与图 3.5。在 6 个网络中, 路网 (A、a), (B、b), (C、c) 分别具有相同的网络线密度, 其中路网 (A、a) 线密度值最高, 为 0.045 (m/m²), 路网 (C、c) 线密度值最低, 为 0.015 (m/m²)。

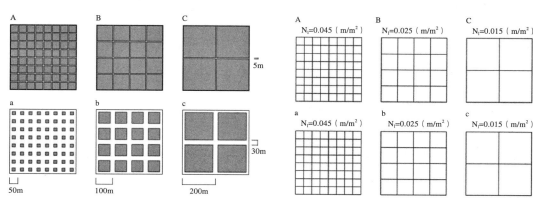

图 3.3　6 个简化的均质格网状路网模型　　图 3.4　各模型网络线密度值测算结果

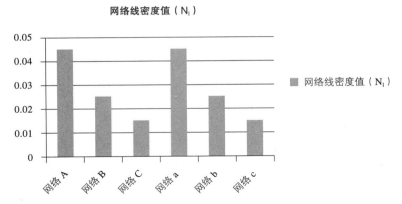

图 3.5　各模型网络线密度值比较

　　通过网络线密度计量可知，与其他网络相比，网络 A 与 a 中路径连通的总距离更长，这也意味着网络 A、a 中路径能将运动流输送到地块内更深层的区域。相对而言，网络 B、b，C、c 在同样区域内，路径数量更少，运动流所能到达的区域也更少。但通过这一计算是否可以判定，网络 A、a 比所有其他网络都具有更高的网络密度，而且网络 A、a 具有相同的道路尺度形态？凭借对网络图形的直观观察，不难明白答案是否定的。网络 a、b、c 对应于网络 A、B、C 具有更宽的道路截面，这使其具有更高的流通容量，而这种由道路断面所带来的网络空间形态上的差异同样也是可以被空间使用者感知的。综上所述，仅通过网络线密度这一单一变量无法对网络的几何尺度特性进行全面评价。因此本研究在网络密度计量方法中引入了第二种网络密度变量——网络覆盖面积密度。

三、街道网络的面密度（N_a）

　　网络覆盖面积密度可以计量为地块内路网区域面积除以地块总面积（公式 3-2）。面积密度计算公式的输出结果所表达的空间含义即为单位地块内网络所占的面积比率。该密度算法中，因道路被作为二维对象进行尺度计量，故所得网络密度值被称为街道网络的面密度（N_a）。

$$N_a = \frac{A_n}{A} \qquad\qquad （3-2）$$

　　其中 N_a= 网络面积密度，A_n= 地块内路网面积，A= 地块面积。

　　通过计算，各网络面密度值及数据统计如图 3.6、图 3.7 所示，所有网络模型中，网络 a 具有最高的网络面密度值 0.84，而网络 C 面密度值最低，仅为 0.049。同时可以发现无论网络线密度关系如何，网络 a、b、c 的面密度值均显著高于网络 A、B、C，这是由于宽阔的网络道路截面使这三个路网在相同区域内道路所占比例更高。

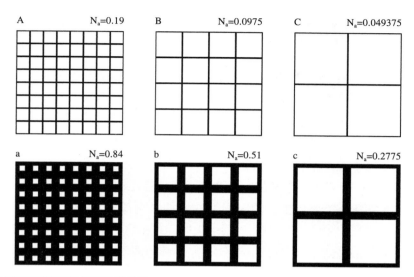

图3.6　各模型网络面密度值测算结果

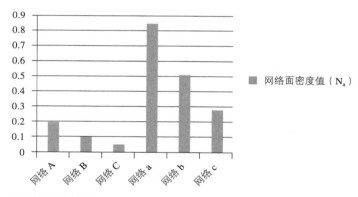

图3.7　各模型网络面密度值比较

　　从计量结果来看，网络线密度计量与网络面密度计量为我们提供了六个网络模型完全不同的密度指标关系。而从空间形态角度来说，这两种密度计量算法分别表达了完全不同的空间含义。这里选取六个模型中最为极端性的两个例子——网络A和c——对不同密度计量算法所代表的网络形态差异性进行说明。网络A网络线密度值高于网络c，这说明网络A在相同地块区域内拥有更多的交通路径，其道路网络更为精细，从而可以将运动流输送到地块的内部区域；但在网络面密度计量中二者关系发生导致，网络c密度高于网络A，这是由于更宽的道路断面为网络c带来了更高的交通承载力，从而可以允许更多的交通流到达或者穿越地块。由此可见，单独使用任何一种网络密度算法对网络形态特征进行认知都是片面的。因此论文下一步将尝试开发一种分析工具，将线密度与面密度两种计量算法相结合，从而实现对网络空间形态特征进行全面的描述与分析。

四、密度图表（Density-Gram）

为实现上述目标，研究首先构建起一个笛卡尔坐标系，坐标系的 x，y 坐标轴分别表示网络布局的长度密度值与面积密度值。随后将网络长度密度和面积密度两个变量投影为笛卡尔坐标系中的一个数据点，于是一个特定街道网络的网络密度特征就可以表示为该网络数据点在坐标系中的投影位置，这种网络密度特征坐标系图示法被命名为"密度图表"。密度图表空间中的不同的区域表达了不同的网络密度特征，同时也反映出不同的空间形态特性：当网络密度特征点分布位置偏向于图表左下侧，说明地块内网络路径较为稀少，同时网络在地块中所覆盖面积比例也相对较低；当特征值点分布位置偏向图表右下侧，则地块内网络路径密集，但道路宽度一般较窄，网络面积比例也相对较低；当特征值点分布位置偏向图表左上侧，则地块内网络路径较少但路径总体较宽，道路覆盖比例很高；而当特征值点分布位置偏向图表右上侧，则地块内路径密集同时道路覆盖率高（图 3.8）。

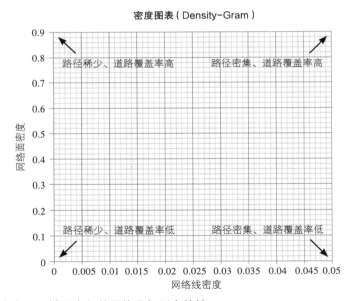

图 3.8　密度图表空间区域所表征的网络几何形态特性

通过将六个网络模型的密度特征值分别标注于密度图表之中，可以看到各个网络模型散布于密度图表的不同区域中（图 3.9）。尽管由于具有相同的线密度值（x 坐标值）网络（A、a），（B、b）以及（C、c）分别两两分布于同一条竖向坐标线上，但是基于面密度的差异，其在图表空间的分布位置具有很大差异。a、b、c 三个网络均分布于 A、B、C 三网络的上方，表明其在相同地块内具有更高的道路覆盖率。此外通过观察网络模型特征值点在密度图表中的分布特征还可以注意到，网络 A、B、

C 与网络 a、b、c 分别沿两条通过坐标原点的斜线分布。由于密度图表中斜率（k）表达了网络面密度与网络线密度的比值，可被近似理解为网络路径的平均宽度 **❶**，因此图表中所示两条斜线的斜率既为网络路径的平均宽度。经计算，网络 A、B、C 所共斜线斜率为 4.86，网络 a、b、c 所共斜线斜率 19.412，分别于两组网络模型道路宽度 5m 和 20m 近似吻合。

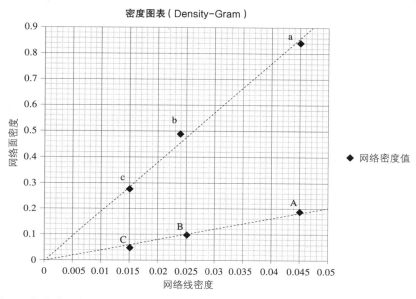

图 3.9　利用网络密度图标对 6 个网络模型几何形态特征进行比较分析

可以看到借助于网络密度图表工具，各种网络在尺度形态上的差异性均可以被清晰的标识出来，同时密度图表也为不同网络之间形态特征的比较提供了媒介工具。

五、街道网络的渗透性（P）

上述研究中，我们通过密度图表的 x、y 轴分别对网络的线密度和面密度进行了定义，本节进一步引入同网络空间尺度形态相关的形态指标——网络的渗透性（Permeability）。网络渗透性概念在传统城市设计及交通工程领域均常被提及，马绍尔在《街道的形态》（Streets & Patterns）一书中对其进行了定义。马绍尔指出网络的渗透性是一种网络空间的几何性（组构）形态特征，它代表了"一个二维平面区域被交通可达空间渗透的程度——这种渗透性与网络的长度（交通迂回的距离）以及网络覆盖面积（可供循环的区域）同时相关（图 3.10）" **❷**。较高的渗透性不仅意味

---

❶ 由于网络中存在路径交叉，因此交叉区域面积会使网络面密度与网络线密度比值略低于网络实际路径宽度，但二者之间的误差一般情况与真值相比相对较低，故可近似等价。

❷ Steven Marshall. Streets & Patterns[M]. New York：Spon Press，2005：89.

地块内具有较多的通行区域，同时
也存在大量路径连通至地块内部区
域，简言之，该区域易于进入；而相
对较低的渗透性则说明地块内既缺
乏足够的路径数量也缺乏足够的路
径面积，即该区域不易进入。李维
林·戴维斯（Liewelyn-Davies）在
其编纂的《城市设计纲要》（Urban
Design Compendium）一书中指出，
渗透性有助于实现"促进交通循环"

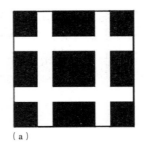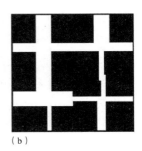

图 3.10　二维平面区域被交通可达空间渗透程度（a）、（b）
（图片来源：Steven Marshall. Streets & Patterns. New York：Spon
Press，2005：89.）

这一城市设计目标。网络渗透性指标在分析网络空间物质形态对地块中运动流活动
的影响时，相比于单独使用网络线密度或面密度二者中任何一个指标，都更为准确。

　　马绍尔将"渗透性"概念定义为对网络距离以及网络延伸面积两方面因素的综
合考虑，根据这一定义我们可通过网络长度密度与面积密度两变量的乘积对该网络
特征进行量化描述。这样在密度图表中就可以获得一系列双曲辅助线对不同路网的
渗透性进行标定。图 3.11 中网络 a 渗透性远高于其他网络，P 值为 0.0378；其后网络
渗透性值由高到低依次为网络 b、A、c、B，网络 C 渗透性最低，仅为 0.00074。同
时根据渗透性辅助曲线的走势还可以得知，在密度图表空间中，如果分布区域偏右
上侧，则网络渗透性相应较高；反之若分布区域偏左下侧，则网络渗透性较低。

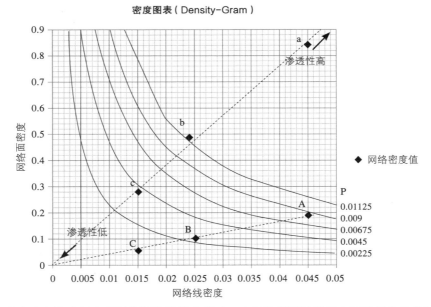

图 3.11　在密度图表空间内利用渗透性辅助曲线对 6 个网络模型渗透性水平进行比较分析

第三节 街道网络宽高关系表（W-H Gram）

借助于网络密度图表，研究得以在平面维度上对街道网络空间形态的尺度特性进行区域性分析，从而实现了对街道系统空间特征的准确识别和描述。本节将把讨论拓展到第三个维度，从而使量化分析方法可以涵盖人所能感知的全部空间尺度特性。

前文论述中已经提到，众多城市研究学者都曾对城市沿街建筑高度以及建筑高度与道路宽度的关系进行过探讨。然而在对真实城市街道系统进行分析时，这些前人所提出的观点和结论在实际操作应用过程中普遍存在两方面的问题。

首先，以往的研究大多以概括性总结或者定性比较的方式对建筑高度及其与街道宽度之间的关系进行探讨，而缺乏准确的定量分析，这使得在实际城市研究中，缺乏通用性的研究平台，同时也缺乏明确的描述方法。由于缺乏量的定义，因此不同研究中的分析甚至同一研究中不同案例的分析往往缺乏有效的比较工具。同时由于定性描述所带来的含混性，因此在城市设计过程中，对城市空间的塑造也缺乏明确的操作依据。这也是为什么目前对于街道高宽尺度探讨往往停留在理论研究中，而缺乏实证分析与实践应用的主要原因。在这一问题上，芦原义信的研究显然走得更远。他所提出的街道宽高比（D/H）计量为人们提供了一种有效的形态计量算法，并同街道空间的类型学相关联起来。然而在研究中也可以看到，D/H 的计算结果仅仅是一个比率数值，单纯凭借该单一指标还无法完整的描述街道断面的空间形态。D/H 相同的两个城市街道样本，有可能由于街道尺度的巨大差异而给人以完全不同的空间感受。而特定的 D/H 值同中世纪、文艺复兴、巴洛克城市街道空间类型的关联也是在特定街道尺度前提下建立的，失去这一前提，也便失去了街道类型的意义。

其次如前文所述，目前对于街道高宽关系的研究大多是片段化的，无法反应区域性的空间总体形态特征。这也导致了对于街道空间形态的描述同人的城市感知之间存在差异。如何将街道的空间形态特征同区域建立关联，将是利用街道形态描述技术反映人们城市空间认知的重要环节。

针对以上问题，研究利用笛卡尔坐标系再次构建起一个新的形态量化描述工具——街道网络宽高关系表（W-H Gram），通过与网络密度图表结合使用，实现对城市街道系统空间形态的整体性分析。图表坐标系中（图 3.12），x 坐标轴代表分析区域内街道系统的平均截面宽度，该数值由网络密度图表对密度特征值点求斜率而得，y 坐标轴表示地块内建筑的平均高度。通过对图表中网络特征值点求斜率即可获得该区域内街道网络空间的高宽比。

此外，宽高关系表中还被加入了三条辅助斜线，将图表空间划分为四个区域，这三条辅助线分别代表了芦原义信研究中所论述的三种街道空间类型。斜率为 2 的辅助线标志了 H/W=2（即 D/H=0.5）的街道断面形式，体现为典型的中世纪狭窄的街道空间；斜率为 1 的辅助线标志了 H/W=1（即 D/H=1）的街道断面形式，体现为文艺复兴时期具有均衡感的街道空间；而斜率为 0.5 的辅助线标志了 H/W=0.5（即 D/H=2）的街道断面形式，体现为巴洛克式的宽阔街道。通过三条辅助线可以对不同网络空间的宽高关系特性进行辅助判断。

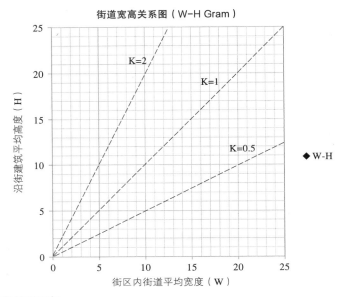

图 3.12　街道高宽关系图标

一、三维网络模型

为说明如何借助街道宽高关系图表对不同街道网络的空间形态特征进行识别，研究将继续使用此前设定的 6 个简化网络模型，但此次每个网络街块均被赋予了不同的高度数据。其中网络 A、a 的街块高度统一设定为 20m，网络 B、b 街块高度统一为 10m，网络 C、c 街块高度统一为 5m。如此将产生 6 种完全不同的街道断面尺度形态（图 3.13）。

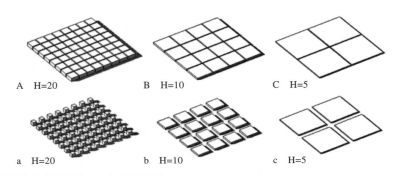

图 3.13　被赋予高度数据的 6 个网络模型

二、网络高宽关系图解

将以上6个网络模型的空间尺度数据分别标注于宽高关系图表中，即可获得图3.14所示图解。

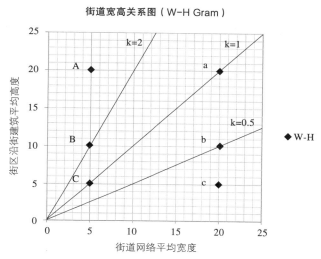

图 3.14　利用街道高宽关系图表对 6 个被赋予高度特征的网络模型进行比较分析

从图中可以看到，由于网络 A、B、C 与网络 a、b、c 分别具有相同的街道截面宽度，因此其特征值点在图表中分别沿同一条竖向坐标线分布，但由于所设置平均建筑高度的差异，因此各个点散落于不同的高宽比特性区间之内。其中网络 A 高宽比最大，分布于斜率 H/W=2 辅助线以上区域，因此该区域内街道断面呈现出狭窄高耸的空间特点。点 C 和 a 均分布于斜率 H/W=1 辅助线上，因此这两个网络道路具有相同的道路高宽比，但由于道路断面尺度的差异，其在空间感受上也具有明显的差异性。网络 c 特征值点分布于斜率 H/W=0.5 辅助线以下区域，因此该网络具有最为开敞的道路断面形态。

可以看到相对于以往街道形态研究中针对某一尺度特性（如街道截面宽度、街段长度、街道高宽比等）独立描述的方式，网络密度图表以及街道宽高关系图表通过使用坐标系平面空间定位的方式，可以同时对三个或者更多街道尺度特征以及尺度特征之间的关联加以考量，图表中每一个特征值点同时带有多重尺度因素（如在密度图表中，一个特征点就带有区域网络线密度、面密度、网络平均宽度以及网络渗透性四重相关信息；而在街道高宽关系图表中，一个点也表征了网络平均宽度、平均建筑高度以及高宽比三重信息）。因此通过结合使用网络密度图表以及街道网络宽高关系表，研究可以同时在空间三个维度上对街道网络系统的形态特性进行识别与描述。借助于图表这种图示化的分析工具，对街道网络空间的整体性分析成为可能。图表中分布区域与网络形态的对应关系就如同标识出每个网络独特的空间"指纹"，或者说空间"DNA"，借助"指纹"以及"DNA"，研究者可以准确地识别不同网络所具有的空间形态特征。

目前为止，我们的研究都是针对人为设定的简化的方格均值网络模型展开的，这些模型便于计算，同时所具有的空间特性也相对明确、易于识别，这为研究搭建基础方法框架提供了便利。然而在真实环境下，街道网络所表现出的形态则要复杂和随机的多，同时网络空间特性之间的总体差异性并不会如简化模型这样明确。这也是借助于直观观察和定性描述，人们难以准确辨识和重现真实街道网络形态的原因。因此接下来研究将利用网络密度图表以及街道网络宽高关系图表对一系列包含有多种形态类型的真实城市网络片段样本进行分析，一方面理解真实城市网络空间形态尺度特征值的分布特性，另一方面也可以在图表空间同网络形态类型学划分之间建立起关联。

第四节 真实城市街道网络样本量化分析

一、网络样本

研究选取真实街道网络样本验证几何形态量化描述技术可行性及其应用意义。斯蒂文·马绍尔在《街道形态》一书中依据城市空间的发展模式将这些街区归纳为四种主要类型——（A）历史核心街区、（B）传统城市拓展区、（C）外围城区、（D）郊区聚居区。本书延续了该研究对于城市街道网络的分类方式，并选取了其中一部分城市街区案例用于方法验证，从而使验证样本能够覆盖足够丰富的城市街道网络类型。本章的分析主要基于这些样本街道网络的空间形态尺度进行，而在第5章，这些网络样本将被应用于拓扑分析技术验证中。

所有样本选取自8个不同国家和地区城市的实例。样本的选择涵盖多种街道网络空间类型，以此验证密度图表以及宽高关系图表在对各种网络形态进行几何特征分析时的通用性。样本中，一些网络具有非规则的形态特征，而另一些网络则更具"规划性"。但是研究并不关注各街道网络在特定场地环境下的文脉特征，而是尝试验证基于网络密度的几何形态描述技术对多个网络实例的几何形态特性的区分能力，以及尝试识别不同类型网络所表现出的形态特性。

以下依次列举了12个网络样本，其所从属的历史核心街区、传统城市拓展区、外围城区以及郊区聚居区四种类型恰恰反映出对城镇和城市在不同增长阶段所表现出的不同形态特性，其排列顺序参照了从城市历史中心向外延伸至聚落边缘的一个完整过渡（图 3.15）。这四种街道网络类型涵盖了城市街道网络中所能出现的绝大多数情况，在某些城市中，四种类型有可能并存，并以如图 3.15 中所示的中心性顺序分布。而在一些"新型城市聚落"实例中，就不会存在位于中心区域的 A 类型；但在另一些实例中，可能会同时存在 A 类型与 B 类型，而二者彼此分离。还存在一些实例，其中完全不见 B 类型。但如图所见，D 类型一般都是一个聚落中最晚出现、并分布于最外围的城市区域。

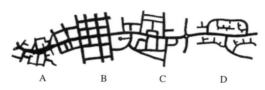

图 3.15　四种街道网络类型学分类

（资料来源：Steven Marshall. Streets & Patterns[M]. New York：Spon Press，2005：84.）

（一）A 历史核心街区样本

该类型体现了典型的城市历史区域，街道网络中路径之间呈现出不同的扭转角度，并指向各个方向，形成一种放射形的雏形，这样的形态往往位于一个聚落的核心区域。历史城区街道肌理形成的时期通常以步行和畜力作为主要交通方式，因此街道的空间几何形态也应对这种低速交通而产生，街道网络精细，街道尺度相对较为狭窄且道路宽度富于自由的变化。

1. 雅典内城（图 3.16）

该街区来自位于雅典市中心卫城山脚下的布拉卡（Plaka）区，为雅典最古老的城市区域，始建于古希腊时期。

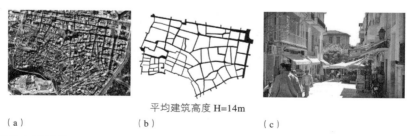

平均建筑高度 H=14m

（a）　　　　　　　　（b）　　　　　　　　（c）

图 3.16　雅典内城网络

（资料来源：（a）google map；（b）作者自绘；（c）作者自摄）

2. 威尼斯（图 3.17）

中世纪早期（公元 9 世纪左右）由岛上多个自然聚落聚合形成的历史城市街区。具有迷宫似的城市街道形式。

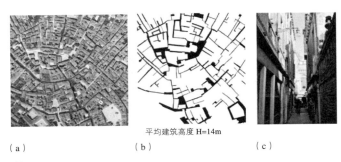

平均建筑高度 H=14m

（a） （b） （c）

图 3.17 威尼斯网络

（资料来源：（a）google map；（b）作者自绘；（c）作者自摄）

3. 突尼斯的麦地那（图 3.18）

北非地区具有伊斯兰特征的城市历史街区，同样形成于中世纪时期。

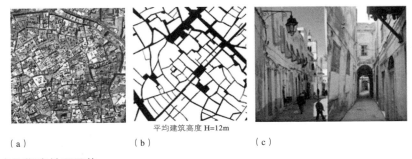

平均建筑高度 H=12m

（a） （b） （c）

图 3.18 突尼斯麦地那网络

（资料来源：（a）google map；（b）作者自绘；（c）作者自摄）

（二）B 传统城市拓展区

该类型街区是一种典型的经由规划而成的城市扩建区域，或者是新建成的聚居区。四向正交型交汇节点的普遍使用从本质上为这种布局赋予了在两轴向上对等的交通导向性，并在更大的尺度范围内形成一种格网形式。在 19 世纪到 20 世纪初兴起的第一次世界性的城镇化浪潮中，这种格网式的街网规划布局被广泛应用于新城市规划以及对历史城市核心的扩建中，并产生了大量著名的城市实例。这一时期城市中主要交通形式以马车、步行为主，交通流量与交通速度的增长使得该时期城市街道尺度明显超过了传统的历史城市街区。

1. 格拉斯哥格网（Glasgow Grid）（图 3.19）

苏格兰格拉斯哥市中心布莱斯伍德（Blythswood）地区城市格网。

2. 雷克雅未克城市中心区（Reykjavik-Central）（图 3.20）

冰岛雷克亚未克市城市中心格网。

3. 格拉斯哥南区（Glasgow-Southside）（图 3.21）

位于苏格兰格拉斯哥市南区戈万希尔（Govanhill）的传统城市格网。

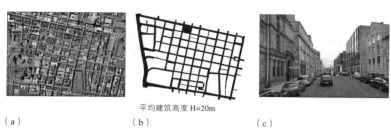

图 3.19　格拉斯哥格网网络

（资料来源：（a）google map；（b）作者自绘；（c）作者自摄）

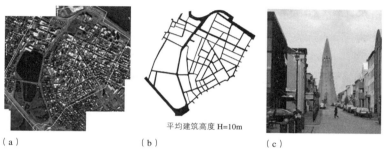

图 3.20　雷克雅未克中心区城市网络

（资料来源：（a）google map；（b）作者自绘；（c）google street view）

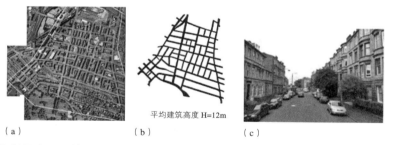

图 3.21　格拉斯哥南区网络

（资料来源：（a）google map；（b）作者自绘；（c）google street view）

（三）C 外围城区

　　C 类型街道网络是一种规则与非规则路网的混合模式它可能出现于城市不同区域，既可以用于构成一个村庄或者整个聚落的中心骨架，也可以作为一个郊区扩建区沿一条放射式路径布置。这种路网大多经由规划而成，具有一致性的街道宽度，并在交汇处人为设置为正交交接。C 型路网主要在 20 世纪之后城市郊区建设以及新镇建设中采用，其道路尺度适用于机动车交通模式。

　　1. 贝斯沃特（Bayswater）（图 3.22）

　　伦敦郊区城市路网。于 19 世纪作为伦敦内城近郊扩展区兴建，由规划路网与非规划形成的网络结合形成。目前被作为伦敦传统城市外围城区使用，具有非规则的格网布局形式。

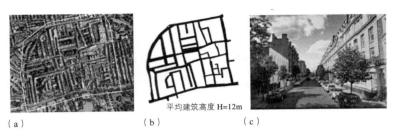

（a） 平均建筑高度 H=12m （b） （c）

图 3.22　伦敦郊区贝斯沃特街道网络

（资料来源：（a）google map；（b）作者自绘；（c）作者自摄）

2. 东芬奇利（East Finchley）（图 3.23）

位于伦敦北部郊区沿放射性快速路布置的典型的城市郊区路网。

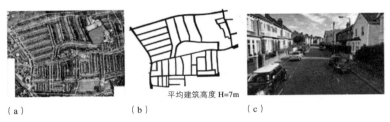

（a） 平均建筑高度 H=7m （b） （c）

图 3.23　伦敦北部东芬奇利街道网络

（资料来源：（a）google map；（b）作者自绘；（c）google street view）

3. 柯克沃尔（Kirkwall）（图 3.24）

苏格兰奥克尼（Orkney）市郊科克沃尔城，20 世纪兴建独立村镇。

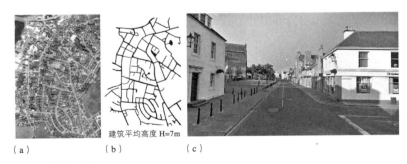

（a） 建筑平均高度 H=7m （b） （c）

图 3.24　柯克沃尔城市网络

（资料来源：（a）google map；（b）作者自绘；（c）google street view）

（四）D 郊区聚居区

该类型代表了典型的现代等级式布局形式，这种类型经常与干线道路的曲线形布局相配合，形成回路或者分支形态。这种城市类型基于一次性规划设计而成，具有一致的道路几何形态。由于产生于 20 世纪现代主义之后，因此这种街道网络具有适应于机动车交通的街道空间尺度以及等级结构。

1. 雷克雅未克郊区路网（Reykjavik）（图 3.25）

位于冰岛雷克亚未克市周边戈第（Gerdi）地区的聚居区路网。道路呈现出鲜明的分支形态。

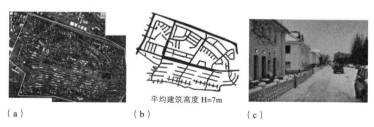

（a）　　　　　　　　　　（b）　　　　　　　　　　（c）

图 3.25　雷克雅未克郊区路网
（资料来源：（a）google map；（b）作者自绘；（c）google street view）

2. 庞德伯里（Poundbury）（图 3.26）

位于英国多切斯特（Dorchester）历史核心区西侧的新传统主义（Neo-traditional）新城发展项目，设计意图旨在模仿多切斯特老城形态，形成"有机"的城市形态。但由于这种城市项目同传统城镇具有完全不同的发展方式，因此其街网形态在几何尺度以及拓扑结构上都与传统城镇不同，被评价为一种"伪有机"形态。❶

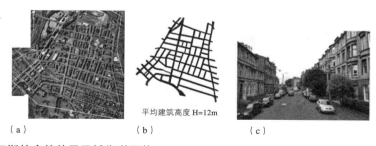

（a）　　　　　　　　　　（b）　　　　　　　　　　（c）

图 3.26　多切斯特庞德伯里区域街道网络
（资料来源：（a）google map；（b）作者自绘；（c）作者自摄）

3. 西拉古纳（Laguna West）（图 3.27）

美国萨克拉门托市（Sacramento）远郊新传统主义式居住区路网。

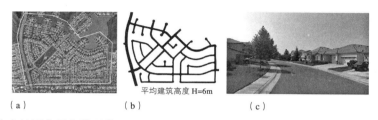

（a）　　　　　　　　　　（b）　　　　　　　　　　（c）

图 3.27　西拉古纳居住区街道网络
（资料来源：（a）google map；（b）作者自绘；（c）google street view）

❶　Steven Marshall. Streets & Patterns[M]. New York：Spon Press，2005：39.

二、网络样本的空间几何形态特征

上述所选择的 12 个街道网络局部样本涵盖了多样化的街道网络空间形态类型，研究将使用密度图表以及宽高关系图表工具对这些样本的几何尺度形态进行分析。

此前应用于简化网络模型的密度指标计量方法同样可以应用于街道网络局部样本之中，但是由于网络样本普遍具有非规则的街道以及地块形状，因此对于网络长度、网络覆盖面积以及地块基底面积的计量需要针对不同样本的形态进行计算。这里以东芬奇利（East Finchley）样本为例对真实网络样本密度指标计算方法进行说明。

首先提取街道网络系统中心线，以中心线为基准计量网络中各路径长度并求和，得到路径总长度为 14042m；计量街道网络覆盖面积为 178739m²；绘制网络边界，并计量网络系统覆盖面积为 854739m²。故可求得东芬奇利街道网络线密度为 0.016（m/m²），面密度为 0.208（网络覆盖率为 20.8%）。根据该数值进一步可求得该网络平均街道截面宽度 W=13m，网络区域渗透性 P=0.0033（图 3.28）。同时根据调研，该区域以二层居住类建筑为主，平均建筑沿街立面高度 7m（不包含坡屋顶高度），因此最终可求得该区域街道高宽比关系为 0.53。将以上各值分别投影于网络密度图表与高宽关系图表中，即可获得东芬奇利街道网络的特征值点（图 3.29、图 3.30）。

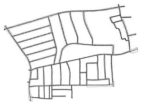

（A）$\sum l = 14042$

（B）$A_n = 178739m^2$

（C）A=854739m²

$N_1 = \sum l / A = 0.016$（m/m²）

$N_a = A_n / A = 0.208$

图 3.28　以东芬奇利网络街道为例进行网络密度特征值测算

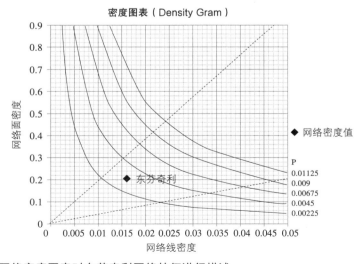

密度图表（Density Gram）

◆ 网络密度值

P
0.01125
0.009
0.00675
0.0045
0.00225

◆ 东芬奇利

网络面密度（纵轴）

网络线密度（横轴）

图 3.29　利用网络密度图表对东芬奇利网络特征进行描述

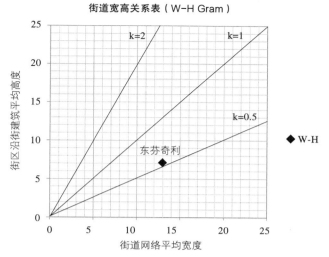

街道宽高关系表（W-H Gram）

图 3.30　利用街道高宽比图表对东芬奇利网络特征进行描述

将以上算法应用于全部 12 个城市网络局部样本中，可获得表 3.3 所示网络空间尺度数据，同时全部网络样本的空间尺度特征值都被标示于图 3.31、图 3.32 所示网络密度表及街道高宽关系图表中。

12 个城市网络样本几何形态参量测算数据　　　　表 3.3

	$\sum l$ （m）	A_n （m^2）	A （m^2）	N_l （m/m^2）	N_a	W （m）	P	H （m）	H/W
雅典内城	11095.1	69558	317737	0.0349	0.2189	6.2693	0.0076	14	2.23
威尼斯	9828.3	33373	250000	0.0393	0.1334	3.3956	0.0052	14	4.12
突尼斯麦地那	8333.8	59042	250000	0.0333	0.2361	7.0846	0.0078	18	2.54
格拉斯哥格网	17137.2	269583	774476	0.0221	0.3480	15.730	0.0077	20	1.27
雷克雅未克中心区	14829.93	175896	662594	0.0223	0.2654	11.860	0.0059	10	0.84
格拉斯哥南区	16204	257178	726981	0.0222	0.3537	15.871	0.0078	12	0.75
贝斯沃特	9453.6	149606	445771	0.0212	0.3356	15.825	0.0071	12	0.75
东芬奇利	14042.7	178739	857439	0.0163	0.2084	12.728	0.0034	7	0.54
柯克沃尔	17531.82	157137	629002	0.0278	0.2498	8.9629	0.0069	7	0.78
雷克雅未克郊区路网	29144	491425	1970545	0.0147	0.2493	16.861	0.0036	7	0.41
庞德伯里	3350.5	27760	64663.2	0.0518	0.4293	8.2855	0.0222	7	0.84
西拉古纳	8455.7	130414	431875	0.0195	0.3019	15.423	0.0059	6	0.38

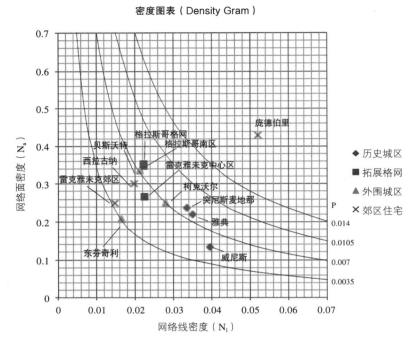

图 3.31　利用网络密度图表对 12 个网络样本进行比较分析

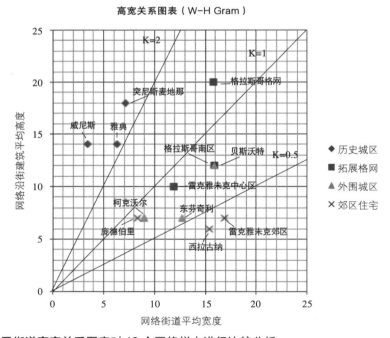

图 3.32　利用街道高宽关系图表对 12 个网络样本进行比较分析

　　通过这些图表，我们可以看到不同类型网络样本之间的区别。在网络密度图表中，我们可以分辨出两个主要的点集区域：历史城市街区网络主要分布在图表空间偏右下侧，这些城市布局往往具有相对精细的网络框架，但街道相对狭窄，道路覆盖率相对较低，这恰恰适应于当时慢速交通模式（步行或畜力）对道路网络的尺度需求；而近现代之后的街道网络则主要分布在图表空间偏左上侧，相对于历史街区，现代的路网由于要适应机动车交通模式的需求，因此具有更为粗放的网络框架，街道更为宽阔同时道路覆盖率更高，可以看到这些后期的街道网络交通覆盖面积普遍分布于在 30% 上下。历史街道与现代街道在密度特征值上的差异也反映出这些城市在空间形态特质方面的不同。历史街区的尺度对步行人流而言更为舒适和亲切——较短的街段可以方便人们在行进中及时进行转折和重新定向、同时街道保持了相对小的尺度，便于穿越并形成空间围合感。现代城市的街道网络则通过更大的网络尺度为机动车交通提供了更高的通行效率，然而传统空间中宜人的尺度和空间围合性却逐渐丧失了。

此外，通过观察不同类型网络样本密度点集的分布模式，可以大致发现，历史街区以及网格型城市拓展区的空间特征点分布相比与另外两种街区类型更为集中，这表明这两种类型的城市肌理具有更强的空间形态特征性。尽管来自于不同的国家，欧洲历史城市样本都具有相近的空间尺度特质，从而在任何地方都可以被轻易辨识出来。而大量建造于 19 世纪的城市拓展格网也大体上遵循了相近的尺度，可以看到尽管在直观形态上并不相似，但通过计算可以发现，雷克雅未克中心区与格拉斯哥格网的网络线密度特性几乎相同，仅由于街道宽度的不同而导致网络覆盖率有所差异。与此对应，所选取的城市外围现代主义以及新传统主义城市规划街区样本的网络空间尺度特征值在分布上则显现出更大的离散性。这些外围城市或者郊区路网在规划设计时不会受到传统城市文脉和环境的制约，同时常规规划设计导则也不会针对如何确定街道系统尺度提供依据。因此设计师在设计过程中拥有更自由的发挥余地，而街道的网络空间尺度也主要通过设计师的主观判断而产生。因此尽管从平面图形来看，研究所选择的一些网络样本具有一定的相似性，甚至是同一种形式风格的产物（如西拉古那与庞德伯里），但是在空间尺度上他们却具有明显的差异性，这导致人们在使用这些街道网络时将获得完全不同的空间认知。

在密度图表中，我们还可以注意到一个极端化的街道网络案例——庞德伯里。作为新传统主义规划样本，庞德伯里的设计以延续并继承传统聚落街道形态的特性为设计目标，设计师极力通过自由的街道形态创造出非规则、有机的城市空间效果，从而模拟传统城市亲切并且富于变化的空间特质。然而通过对其网络密度指标的测算可以发现，庞德伯里街道网络的空间尺度形态既区别于任何一种现代规划的城市样本，也与历史性城市相去甚远。该网络被人为赋予了极高的网络密度指标，其线密度显著超过任何一个历史街区，同时面密度也高于所有的现代城市肌理，这致使该网络同它描摹的对象——历史城镇带给人们的空间感受并不相似。

借助于密度图标的渗透性辅助曲线可以对网络样本的渗透特性进行识别。可以看到，无论是狭窄且细密的历史城市街道网络还是大多数宽阔且粗放的现代城市网络都分布在相近的渗透性等级范围内，即 0.007 渗透性辅助线附近。雷克雅未克郊区住宅路网与东芬奇利路网相对渗透性等级较低，为 0.0035 左右。而由于具有极限化的密度指标，因而庞德伯里的渗透性等级也远远高于其他任何一个网络样本。高网络渗透性为庞德伯里地块带来了便利的交通接入方式，但同时也使其空间形态区别于任何一种类型而存在。

我们还可以通过高宽关系图表进一步了解网络样本在竖向维度上的形态特征。图表中，历史城市网络样本再次以一种特征化的方式分布于图表中的特定区域，所有样本均位于 H/W=2 斜率线上方，即具有较高的街道断面高宽比，这同其狭窄高耸的空间特性相符。城市拓展格网以及外围城区网络布局则主要分布于 H/W=2 与 H/W=0.5 斜率线区间内，这些现代规划城市网络的高宽尺度以及形态关系受城市功能以及规划条例的影响而变化，因此不再像中世纪一样，具有明确的与类型相关的空间共性。另外西拉古那与雷克雅未克郊区住宅街道网络的高宽比均低于 0.5，呈现出开阔的、低围合性的空间特征。

综上所述，网络密度及网络高宽关系分析演示了如何利用量化计量的方法将网络空间的几何尺度特征同图示空间准确的联系起来。借助图表可以看到，不同的网络几何特征被直观的图示化，从而使我们可以在同一平台下比较各个网络样本的差异性和相似性。通过这种方法，研究不仅可以对那些规整的明确的街道形态进行分析，还可以准确描述任何一种无规则、甚至是极端的街道网络模式。

第五节　小结

本章主要针对街道系统的几何形态特征进行分析，尝试将街道网络作为一个整体对象，探索对其空间尺度特性进行准确定义和描述的方法。

本章共由两个基本部分组成。第一部分开发出一套全新的街道网络几何形态量化描述工具——网络密度图表（Density Gram）与街道高宽关系图表（W-H Gram）。该量化描述工具利用网络密度的概念，将传统的尺度标度同区域地块联系起来，从而实现了对网络对象的量化分析。事实上，可以将网络密度看作一种集合了多种基础尺度指标的复杂参量，传统街道几何形态描述指标在这些新的描述工具中均获得体现。例如在大多数真实城市环境下街段长度同网络线密度指标存在着反向关联，短街段长度意味着较高的网络线密度值，而长街段长度则意味了较低的网络线密度值。同时街道的宽度则通过网络面密度与线密度的比值所体现，相同网络线密度前提下，较高的网络面密度值也意味了网络的平均街道宽度较宽。此外，借助于高宽关系图表，街道高度尺度以及高宽尺度关系也被考虑进来。通过平面坐标系的图示方式，网络密度图表与街道高宽关系表使每一个网络的特征值点都能够同时表征多重尺度信息，从而可以更为直观明确地对街道网络的空间形态对象加以识别和分析。

此外，图表工具相对于传统量化指标最大的突破则在于其不再局限于对片段化的特定街道场景的描述，而实现了对区域性的网络几何空间形态特性的描述。真实城市环境中的空间形态往往是复杂和多样的，只有在少数规划而成的城市肌理中才有可能看到均匀统一的街道形态。这使得传统计量方法几乎无法被应用于连续的街道系统分析中，更不可能通过片段式的指标设定实现对整个区域空间形态的控制。然而密度图表及高宽关系图表中所涉及的所有量化指标都是从区域性的视角出发，对连续网络对象进行定义。因此不论分析对象如何复杂，在区域范围内都可以实现对其进行精确分析。这为城市研究者及设计师提供了真正可操作的量化分析工具。

第三章第二节将所开发的图表工具应用于一系列真实城市局部网络样本的分析之中，通过对多种类型的街道网络的量化研究，验证分析工具对不同空间几何特征的识别能力。通过样本分析，研究揭示了很多通过直观认知难以发现的空间形态相似性与差异性。尽管拥有完全不同的城市背景，并在长时间的自然演化过程中各自随机增长而成，然而几个历史城市街区样本却共享了相近的空间尺度特征，并使它们在一系列网络样本之中可以被明确辨别出来。尽管这些城市样本由于街道转折复杂多变，人们很难通过街道的平面形式发现它们彼此之间的共同点，但典型化的空间尺度特征使人们在城市认知过程中能够获得一致性的空间感受。同时在分析中还可以看到，某种风格或主义或许会为不同的设计带来相似的外在形式（例如西拉古那、雷克雅未克郊区这种城市外围居住型街区），但是缺少对街道网络形态的精确描述技术，单纯凭借设计师在创造各种形式过程中对尺度的主观判断，很难形成具有连贯性的城市空间形态特征。同时这种主观造型式的设计方法，也有可能导致设计结果同设计的初衷南辕北辙。分析庞德伯里案例所显现出的空间形态极端化，恰恰凸显了设计师在缺少有效的分析工具时的无助。而这一观点在后续的章节中还将从不同的角度再次被提及。

通过开发密度图表和高宽关系图表分析工具，本章完成了对街道网络几何空间形态的探索性研究，并将研究成果应用于对局部街道网络的分析之中。但正如第二章中所论述，人对城市的认知是由局部的经验累积而成的总体感受。因此如何从整体的视角描述城市空间形态的几何特性，如何将对局部城市空间的分析应用于整体性的城市实证研究之中？这些问题便是第四章将要探讨的内容。

第四章　城市街道网络几何形态特征实证研究

从对局部街道网络的形态分析向城市整体空间认知研究拓展时，局部如何集合成为整体就成了探讨的核心。对于城市空间形态的研究既需表达作为一个整体的城市全局特征，同时还需要在描述中表达不同局部的变化及关联。因此本章研究的主要目标一方面将探索如何利用已有量化描述工具最终获取整体性的城市空间尺度信息，另一方面则是利用量化描述工具揭示在城市整体尺度下街道网络空间形态所发生的动态变化。为实现上述研究目标，本章将密度图表以及高宽关系图表工具同 GIS 平台相结合，借助于 GIS 技术对于空间数据强大的管理和图示化功能，最终实现了从全局视角对城市街道网络空间几何特征的精确描述。

作为网络几何空间形态特征研究的实证部分，本章还将在定量研究之中考量城市文脉对于街道系统空间形态的影响。通过对多样化文脉背景下城市网络形态的比较分析，研究得以深入解读真实环境背景中的限制因素以及各种规划措施将如何对街道系统几何形态产生影响。所选择的城市案例来自于世界不同地区，同时城市街道系统的生成时代也跨越了不同的历史时期。有的城市自身就是一个自成一体的网络系统，而另一些城市则由完全不同的网络系统拼接构成。街道网络案例的多样化选择，为实证研究提供了充分的研究素材，并最终验证了上一章所提出量化描述技术在真实环境下的普遍适用性。

第一节　城市研究案例

研究共选择了四个城市作为实证研究的案例，它们分别为威尼斯（意大利）、巴塞罗那（西班牙）、科莫（意大利）和青岩（中国）。除了被用于本章网络几何形态研究之中，这些案例还将被用于第六章的网络拓扑形态研究之中。所有案例均遵循以下三个标准进行选择：

第一，案例之间需在空间形态上呈现出多样性，从而验证量化描述工具对各种复杂城市肌理进行分析的适用性，并进一步建立起形态特征同各量化描述参数之间的关联；

第二，案例选择应代表不同的城市历史文脉、地理文脉以及文化性文脉，从而可以通过对比分析了解社会因素、自然环境因素、文化因素对于街道系统空间形态演化所产生的影响。研究所选择案例既包括中世纪时期乃至更早期城市，同样也包括近代城市；既包括来自中国的城市，也包括来自欧洲不同国家的城市。

第三，所选择案例都应具备相对成熟完整的形态特征，即街道系统经历一个完整的发展演化过程并进入到一个稳定的状态。通过对这种相对完整的网络系统进行研究，才能够获得对整体街道系统空间组织规律方面的认知。

研究所选择的四个城市案例分别来自于中国和欧洲，这两个地区都是世界上城市最早出现的地方，具有悠久的城市发展史，一些经过长时期演化形成的城市在这两个地区得以保存下来，同时丰富的城市文脉为城市街道网络带来了多样化并极具典型性的空间形态。接下来，本书将从城市文脉以及形态类型学的视角分别对各个案例街道系统的生成过程进行基础性介绍和比较分析。

一、威尼斯

威尼斯岛位于布伦特（Brenta）和皮亚韦（Piave）河入海口之间，处在潟湖（Lagoon）中最大的环湖礁上，占据着通向海湾的河道。在公元5世纪的中世纪早期，威尼斯及周边岛屿上开始出现最早的居民点，一群来自于帕多瓦的难民迁移到这一地区，并以水体作为屏障躲避罗马帝国灭亡后的战乱。公元9世纪早期，潟湖地区的统治者将自己的住宅从现在的利多岛（Lido）搬迁到现在的威尼斯岛圣马可广场所在位置，当时该区域是一系列不规则小型岛屿的核心位置。公元11世纪之前，威尼斯岛屿上散布着多达60个独立建立起来的教区，而每个教区都有各自的市场、宗教盛会和地方习俗。之后这些岛屿以及岛屿上的教区逐步联合成为一体。威尼斯人开挖运河，把土填在附近陆地上，并开辟交通渠道。同时城市也逐渐演化为双中心布局：位于运河入海口的圣马可政治中心区，以及在河流中部形成的里亚尔托（Rialto）经济中心区。由于威尼斯摆脱了大陆统治者的权力控制，自建城以来就实行自治，仅在形式上被划归东罗马的统治范围，因而没有像其他中世纪城市一样，因诸侯或者其他封建统治者而陷入纷争。11世纪末至12世纪初，威尼斯市内最重要的建筑体形已经初步具备，城市形式也在该时期基本

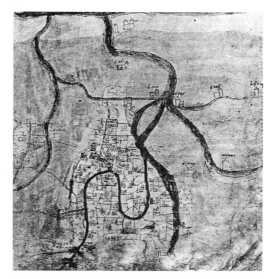

图 4.1　出自 1346 年的最早期威尼斯城市地图手稿。从该地图中已经可以看出威尼斯城市格局从当时起即以基本成型

（资料来源：贝纳沃罗 L. 著. 世界城市史 [M]. 薛钟灵译. 北京：科学出版社，2000.）

确定，并在以后的几个世纪中几乎毫无变化地被保留下来。1500 年前后，威尼斯已经发展成为一座强大的港口城市，并成为东西方贸易转运中心（图 4.1）。当时的威尼斯是欧洲少数几个中世纪大城市之一，通过以下一组数据可以一窥其城市规模：

威尼斯（城市及周围岛屿面积）600 公顷

米兰（15 世纪维斯孔蒂城墙内面积）580 公顷

科隆（1180 年城墙内面积）560 公顷

佛罗伦萨（1284 年城墙内面积）480 公顷

巴黎（1370 卡尔五世城墙面积）440 公顷

巴塞罗那（1350 年城墙内面积）200 公顷

纵观威尼斯的发展历程可以看到，威尼斯的规划不是一个静态设计，不存在任何武断的一次性决策。它在日积月累的微观改变中形成了连续的空间，并在复杂状态下实现了整体的统一。刘易斯·芒福德（Lewis Mumford）对威尼斯城市给予了高度的评价，他指出"没有城市能比威尼斯更清楚地表示出中世纪城市结构的理想组成部分。此外，没有一个城市比威尼斯更能在自身发展中更好地显示出一个新的城市布局结构，这种布局结构有指望能胜过从新石器时代末以来一直存在至今的有城墙的容器。" ❶

威尼斯城市发展形成的这种特殊过程以及社会历史背景造就了它迷宫似的城市以及城市水街。威尼斯具有世界上最负盛名的独立交通干线——大运河（the Grand Canal）以及连通至运河的次级水网，但同时城市中天然形成的步行街道交通系统也体现出极其典型的中世纪城市街道网络形态特征。英国城市学者科林·布坎南（Colin Buchanan）在编著《城镇交通》（Traffic in Towns）一书时，曾对威尼斯街道系统案例进行了深入的研究，他在图示威尼斯街道网络时发现，其主要步行通道系统自成一体。该系统包括了各种不同类型的"通道"：从狭窄的小巷到威尼斯的主广场——圣马可广场，涵盖了极其丰富的路径形式和使用方式（图 4.2）。由于威尼斯岛处于与外界隔离的独特的地理环境中，因此其街道网络依然保持了中世纪城市所特有的连贯性，并自成一体独立运作，几百年来几乎都不曾受到外来建造行为的干扰，因此可以说威尼斯的路网系统代表了非常纯粹的中世纪网络样本（图 4.3）。

图 4.2 布坎南的威尼斯步行系统网络图示

（图片来源：Stephen Marshall. Streets & Patterns. New York：Spon Press，2005. 66.）

❶ 刘易斯·芒福德著. 城市发展史——起源、演变和前景 [M]. 宋俊岭，倪文彦译. 北京：中国建筑工业出版社，2005：341.

（a）威尼斯 Googlemap 卫星图像　　　　　　　　　　　　　　　　　　　　　　　（b）威尼斯街道

图 4.3　威尼斯

二、巴塞罗那中心区

　　巴塞罗那是一座典型的欧洲地中海城市，其位于地中海西岸巴塞罗那平原之上，地势平坦，整座城市以非常平缓的坡度一直延伸至海边。现代巴塞罗那城市区域拓展至沿海山脉脚下，并形成自西南向东北绵延的走廊状城市形态。

　　巴塞罗那拥有超过 2000 年的历史，并在近 1000 年的时间里一直作为西班牙加泰罗尼亚地区，乃至整个西地中海地区的首府而存在。早在公元前 5 世纪，巴塞罗那平原近海位置就已分布了一系列固定的居民定居点以及一个用以转运当地多余的农产品的自然港口。现今巴塞罗那城市的萌芽则可追溯至公元前 1 世纪。公元前 15 ~ 前 13 年左右，罗马人开始统治这一地区，并在此处建立最早殖民城市——巴西诺（Barcino）。此后巴塞罗那经历了每一次重要的欧洲城市变迁浪潮，并将发展的印记完整的留存在城市文脉之中。在巴塞罗那可以看到罗马殖民地时期的城市街道网格遗迹，看到中世纪哥特式的狭窄街巷，看到欧洲第一波程式化浪潮下宏伟的拓展区，也可以看到现代主义时期以来蔓延发展的城市郊区。其城市空间形态的丰富性和并置性特征，形成了巴塞罗那城市独特的空间认知感受。本研究将对巴塞罗那城市的分析划定在中心区范围内，该区域为巴塞罗那城市的核心部分，它代表了巴塞罗那最广为人知的城市形象。中心区城市肌理均建造于 20 世纪之前，由三个具有典型形态特征的街道网络片段共同组成，分别被称为老城区或哥特区（Ciutat Vella）、巴塞罗尼塔区（Barceloneta）以及拓建区（Eixample），它们各自代表了中世纪街道网络、新古典主义规划街网以及早期现代城市规划平面的三种独具特色的城市街道网络。

（一）老城区（Ciutat Vella）——巴塞罗那的历史根基

老城区最古老的城市肌理形成于古罗马殖民时期，公元3世纪伴随着古罗马帝国的衰落，罗马人的撤离，当地人开始接管曾经的殖民城市并对其进行缓慢的改造和重新利用。古罗马时期的巴塞罗那城一直被沿用至公元985年，直到一场由外来游牧民族带来的劫难致使城市被洗劫并几乎被大火烧毁。此后，巴塞罗那居民在原有城市基础上对城市进行了重建，并在城市内部加入了中世纪城市结构，这也使城市中原有的罗马格网痕迹逐渐淡化（图4.4）。

（a）现巴塞罗那老城区内保留的古罗马殖民地　　　（b）在现城市肌理上对古罗马时期
　　　时期城市区域　　　　　　　　　　　　　　　　城市格网的猜想

图 4.4

（图片来源：Joan Busquets. Barcelona：the urban evolution of a compact city. Italia：Litografia Stella，2005.）

13世纪末14世纪初一系列瘟疫灾难席卷了整个欧洲，从灾难中复苏之后，巴塞罗那城市形态在14～15世纪这段时间内经历了一次重要的变化。在原罗马城址以西围绕Raval（意为郊区）地区修建起一圈新的城墙，将此前在该地区沿城外道路逐渐发展起来一些宗教设施划归城市内部。而此后在罗马城墙外侧又修建起一道新的城墙，从而使巴塞罗那城市面积再次扩大至218公顷。巴塞罗那老城区的最后一座城墙修建于卡洛斯五世时期（1553～1563年），它最终确定了现在人们所熟悉的巴塞罗那老城区的形态。14～15世纪的城市拓展将一部分城外原有的农田用地纳入到城市范围中来，从而为此后几百年间巴塞罗那的城镇化发展提供了充足的空间。巴塞罗那老城区域的轮廓直到19世纪中期都未曾发生过大的改变，而城墙之内在原有城郊道路的基础上经由漫长的自然增长过程，逐渐填充入新的城市结构，并最终形成了现在巴塞罗那老城区的空间形态。1854年，巴塞罗那城市委员会最终决议拆除老城区城墙，然而老城区的城市肌理却在新时代的规划中被完整保留下来（图4.5）。

图 4.5　1706 年城市地图显示的巴塞罗那中世纪城墙内区域

（图片来源：Joan Busquets. Barcelona：the urban evolution of a compact city. Italia：Litografia Stella，2005.）

（二）巴塞罗尼塔（Barceloneta）——新古典主义的革新工程

18 世纪早期，巴塞罗那城市委员会决定在老城区以东一片探入海中的三角形半岛上建设巴赛罗尼塔项目，用以补偿城墙周边一些地区拆除的居民住房和商业用地。该项目始建于 18 世纪 20 年代，其设计主要基于两个基础理念而产生：通过街道布局的设计控制城市的形态；探索最佳的住房模式。

巴塞罗尼塔街道网络被设置成均质的正交网格形式，同时街道被统一设置为南北向 7.5m 的路面宽度，东西向 9.3m 的路面宽度以体现不同的交通等级。街块南北向延伸，从而使阳光可以进入街道空间之中，并能够减弱常年盛行的东风对该区域的影响。

而在住宅设计方面，该区域最早的房屋单元统一占据 8.40m×8.40m 见方的宅基地，单元两侧为公用隔墙，具有前后两个沿街立面，中间为一道内部隔墙。住宅单元统一两层层高，中间设置入口。每九个单元沿南北向街道线性排布成为一个组团。初建成的巴塞罗尼塔体现了新古典主义时期，建筑师心目中理想的新城市居住模式（图 4.6）。

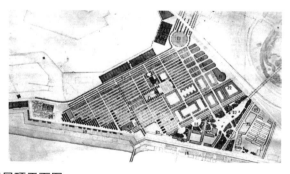

图 4.6　巴塞罗尼塔区屋顶平面图

（图片来源：Joan Busquets. Barcelona：the urban evolution of a compact city. Italia：Litografia Stella，2005.）

　　然而巴塞罗尼塔的设计成果并未被维持很久，由于不断增加的居住压力，原有的住房在 19 世纪初即被加高一层。1868 年，整个街区建筑再次被加高到 5 层，并在 1953 年之后增高到 7 层，最终形成了现今的城市空间形态。

　　与巴塞罗那老城比较，巴塞罗尼塔街区具有完全不同的空间形态特性和发展过程。相对于中世纪城区漫长的自然演化过程，巴塞罗尼塔是一次性人为规划的产物，街区的格局在几十年内即已建设形成，而在此后几百年内未曾发生过剧烈的变化，因此其网络框架呈现出控制下的绝对规则和均衡的形态特征。同时作为规划和建设于欧洲工业革命之前的住宅项目，巴塞罗尼塔仍然保持了适于步行交通的街道和网络尺度。与其相对应，处于巴塞罗那中心区的另一片规划格网，则为研究提供了进入机动交通时代城市规划的模本。

（三）拓建区（Eixample）——现代城市规划体系中的先锋之作

　　19 世纪前半叶，巴塞罗那同欧洲其他城市一道迎来了工业革命，而随之而来的则是城镇化浪潮的到来。由于城市周边农业人口受到工厂的吸引，大量涌入城市，致使老城区人口密度激增，生存环境和卫生条件也日趋恶劣，传统狭窄曲折的街道难以承载新兴的更快速的交通模式。因此这一时期，欧洲的许多城市都开始着手在历史城市中心区外围进行扩展，这其中，伊尔德方索·塞尔达所作的巴塞罗那拓建区就是最为著名并极具代表性的案例。

　　拓建区方案经历了漫长和复杂的酝酿期，自 1854 年该计划被提出直到 1860 年确定塞尔达规划方案并交由其着手实施。塞尔达的规划完整地保留了巴塞罗那老城区，而将具有完全统一尺度的格网铺满中世纪城墙以外方圆 26 平方公里的区域。标准级别的道路宽度被统一设置为 20m，而最高级别的交通干道则宽达 60m，以承载更大的交通流量。所有的街块均被设置为具有相同尺度的正方形，边长 138m，街块的四角被切除，切角处斜边的长度等于街道的宽度（图 4.7）。

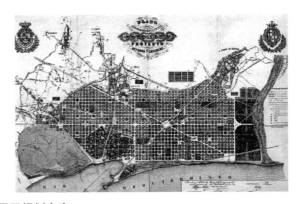

图 4.7　塞尔达的拓展区规划方案

（图片来源：Joan Busquets. Barcelona：the urban evolution of a compact city. Italia：Litografia Stella，2005.）

塞尔达的拓建区布局方案主要基于三个基本理念产生：

1. 公共卫生

拓建区项目被提出的时期，正是巴塞罗那城市卫生环境由于人口激增、工业发展而极度恶化的时期。当时的数据统计显示，1837～1847年间，巴塞罗那城市人口平均寿命为38.3岁，而工人阶层平均寿命仅19.7岁。因而塞尔达一方面对老城人口生存状态进行了详细的调研，同时在新区方案设计阶段对其选址、朝向、地域气候学以及日照条件等因素进行了深入的探讨。此外他还对国外城市，诸如巴黎、圣彼得堡、都灵、波士顿进行了深入比较分析。所有这些研究都成为他确定最终规划平面的重要依据。

2. 交通

塞尔达在规划过程中不断思考新的城市如何才能适应新型的机动交通模式。他根据两条基本原则建立起清晰的街道网络等级体系：街道断面中用于机动车交通的路面应与用于步行交通路面对等；街道交口建筑应进行切角设计，从而为交通提供更好的视野及导向性。塞尔达所提出的这两条原则直至今日仍被设计师们所认可并采用。

3. 平等观念

通过街网的布局，塞尔达尝试将平等的权利带给城市中每一个居民。他认为，这种方形街块"是数学平等性的最清晰、最真实的表达，这种平等是权力和利益的平等，是公平的本身"。❶

在方案实施初期，塞尔达为城市构想了很多富于变化的细节，包括地块内位置可变的建筑物设计，以及大量的景观绿化。然而在规划推行一个多世纪后的今天，城市的密度已经是当初设计中的花园城市密度的4倍，方案中4层建筑高度设计已被加高到9层，这使得今日的拓建区空间已然迥异于规划师心目中的城市形象。

巴塞罗那中心区城市案例不仅为研究带来了三个具有代表性空间形态特征的街道网络样本，同时还向人们展示了不同网络之间空间并置的状态（图4.8）。因而如何在整体空间内探寻局部之间的关联和差异，将成为后续研究的重点。

（a）巴塞罗那中心区　　（b）老城区街道　　（c）拓建区街道　　（d）巴塞罗尼塔区

图4.8　巴塞罗那中心区现状

（资料来源：（a）Googlemap卫星图像；（b）、（c）、（d）作者自摄）

---

❶ 斯皮罗·科斯托夫著.城市的形成[M].单皓译.北京：中国建筑工业出版社，2005：152.

三、科莫

　　科莫位于意大利米兰市以北 40 公里处，建于山谷地带，濒临意大利第三大湖科莫湖（图 4.9）。与巴塞罗那相似，科莫城市的历史同样可以追溯至古罗马帝国时期，罗马人在此设立兵营并建立殖民城市，留下了典型的正交网格形的城市平面。罗马帝国覆灭后，中世纪的科莫同样继承了原有的罗马格网并对其加以重新利用。然而幸运的是，在一千多年的历史中，科莫并未经历过如巴塞罗那那样的城市灾难，中世纪的居民只是在原有的街道布局基础上对城市进行着一场缓慢的没有设计师的再设计行为。中心市场代替罗马市政厅或庙宇开始成为城市核心区，交通模式也逐渐开始适应新的经济体系，一些穿越方整地块的便道逐渐变成了固定的道路，从中心市场出发射向城门的道路成为城市中的主要道路。同时由于土地划分方式的改变，街块开始重组，更小的住宅单元划分也致使街块的形状更为自由。尽管城市内部的变化和改造持续不断地缓慢的进行着，但是原有的城市边界在整个中世纪时期一直未被改变。直到 1850 年前后，科莫城墙之外的区域仅在沿通往米兰的道路两侧分布有零星的建筑。

（a）科莫城市　　　　　　　　　　　（b）科莫城市街区

图 4.9
（资料来源：（a）Googlemap 卫星图像；（b）作者自摄）

　　科莫的城市向外部的拓展建设始于 1850 年前后，这同巴塞罗那拓建区项目进行的时间基本吻合。随着意大利由早先的城邦割据状态最终统一为独立国家，原有的城墙已经失去了其本身防卫的功能，城市开始突破原有城墙的束缚向周边的农村扩张。通向城外的便捷交通逐渐形成，村落与城市的联系不断加强。20 世纪前 40 年是科莫外围城区高速发展的重要时期，这一时期是欧洲现代主义理论发展的重要时期，同时意大利理性主义也在科莫萌芽，这一时期的科莫城市发展为这些新的建筑形式提供了充足的实践平台。1940 年科莫城市规划在原有城墙外部区域自然形成的道路系统基础上，对路网进行了完善，而这一规划的成果一直被沿用到现代（图 4.10）。

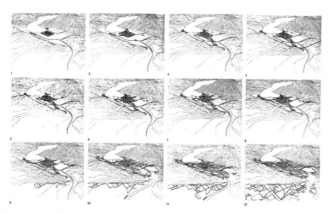

图 4.10 自罗马时代以来科莫城市的演变过程

（图片来源：Roberto Leydi，Glauco Sanga. COMO E IL SUO TERRITORIO. Milan：Silvana，1978.）

　　两千多年来未经破坏和中断的城市演化进程，使科莫向人们展示出两条清晰的城市文脉线索。其中一条是以罗马格网为基础，经由中世纪社会改造的城市肌理，它显示出相比于巴塞罗那古城区更为清晰的罗马尺度方格网；另一条则是基于自然道路主干的现代主义规划文脉，它不同于巴塞罗那拓建区那种强制性图形形式，而是对有机道路网络的城市化改造，因此同传统城市网络相比具有更强的空间连贯性。科莫的一位市长曾这样评价科莫的城市风格："科莫城市风格的形成历经了几个世纪极谨慎的建设，它完美地运转着，并包含了所有必需的都市生活需求。其城市建设理念遵循着这样的逻辑，即每一项建设的提案应该能展望到几个世纪之后城市的形态。"❶

四、青岩

　　青岩镇为贵州省贵阳市花溪区的一个文化古镇，位于贵阳市南郊 29 公里处，镇域面积 92.3 平方公里，中心镇区 0.9 平方公里，总人口 3 万余人（中心镇区 5600 余人）（图 4.11）。青岩镇位于丘陵地区河谷盆地之中，三面环山，北侧有北门河青岩河环绕，平均海拔 1060 ～ 1200m。青岩曾作为贵州南部驿道上重要驿站及镇守贵阳的屯兵之地，有六百余年历史，现今贯穿古镇南北的明清街即为明代沿用至今的北通贵阳、南下惠水的古驿道的一部分。

　　明洪武四年（1371 年），青岩因位于广西入贵阳的主驿道之上，故在此处设传递公文的"铺"以及传递军情的"塘"，并驻军于双狮峰下驿道旁，设"青岩屯"。明洪武二十六年（1393 年），因防卫需要，青岩戍军修建了青岩堡。此时的青岩堡城位于现青岩镇址以北的狮子山下，面向北门河。明天启四年（1624 年），因青岩堡在战乱中损毁严重，故重新择址，于旧址西南一公里处，在下寨山、阁上山、黄家坡三

---

❶ （意）Samir Younes，Ettore Maria Mazzola. COMO：THE MODERNITY OF TRADITION. Roma：Gangemi Editore，2003：7.

座山峰之间的高地上修建青岩城，并修有东西南北四座城门。这座当时的土城即为今天青岩古镇的雏形。

（a）青岩城市地图　　　　　　　（b）青岩街道

图 4.11

（资料来源：（a）根据青岩市测绘图绘制；（b）作者自摄）

　　此后随着青岩堡寨内的居民陆续迁入青岩城内居住，青岩亦不再仅是军事要塞，而逐渐开始向城镇聚落转变。清顺治十七年（1660 年），青岩城墙重修，原东隅城墙西移，同时在保留原南城墙的基础上，向外扩展，增建了一座南门，命名"定广门"。此后原南城门改名为内城门，至此青岩形成东、西、北、内城门以及定广门五城门结构，并有东街、西街、南北街四条主要道路相连通。至此现今所见青岩镇即已定形。清代后期青岩城又经历了两次维修和拓建，但只是增加了防御设施以及更换了砌筑材料，城镇轮廓未再有大的改变。

　　清代中叶起，随着该地区政治与军事冲突日趋缓和，青岩镇的商贸功能得到了极大发展。青岩因其独特地理区位优势而发展成为"贵筑、广顺、定番三州县交界的一个重要集镇，有居民千余户"。❶ 而古镇中心开阔的场坝被作为城镇内的商贸交易集市，并以场坝为中心在四条主街基础上逐渐自然增长形成 26 条小型街巷，最终构成了一个完整的街道网络体系。古镇当时商贾云集、寺庙林立，俨然是一个交通便利、商贸发达的贸易集镇。至清末民初，青岩镇内共有九寺、八庙、五阁、二祠堂以及一座书院，其繁荣可见一斑。

　　青岩古镇代表了一种自然增长模式下发展形成的中国传统城镇聚落形态。在地理环境、地方性建筑工艺、军事因素、宗教礼仪、文化传统、社会习俗以及外来移民等多种要素共同影响下，青岩城镇形成了极具地方特色的空间形态特征。青岩镇内多为一、二层高干栏式建筑，院落布局灵活、空间错落有致，居住建筑及主要街道从古驿路向周边发展，形成了曲折、富于变化的街巷空间。作为中国独特文脉背

---

❶　贵阳市志编纂委员会. 贵阳市志·建置志 [M]. 贵阳：贵州人民出版社，1993.

景下的有机城市案例，青岩显现出了与欧洲自然生长城市肌理的显著差异性。

五、城市案例比较

表 4.1 显示了上述四个城市案例在城市文脉以及空间形态上的差异。

城市案例背景信息对比　　　　　　　　　　　　　　　　表 4.1

	威尼斯	巴塞罗那中心区	科莫	青岩
城市基础数据	总占地面积 600 公顷人口在全盛时期（18 世纪中叶）达到 20 万，20 世纪 50 年代人口 18 万，现大多数人口移居至陆地及周边岛屿居住，人口不足 10 万	总占地面积 1675 公顷其中：老城区：223 公顷巴塞罗尼塔：28 公顷拓建区：1280 公顷巴塞罗那城市人口 163 万，但主要分布在中心区外围地区居住，现中心区常住人口比例较小	占地面积 280 公顷。1850 年城市扩张以前人口维持在 2 万以下，1931 年增长至 6 万人，现有人口 10 万人	中心镇区面积 90 公顷，人口 5600 余人
地理环境	位于河流入海口，潟湖（Lagoon）中最大的环湖礁群之上，约由 118 座岛屿共同组成。城市内具有丰富的水系，并被开挖成为河流。道路系统由街道和桥共同构成	位于南欧伊比利亚半岛东北部，面临地中海。城市建于海边与沿海山脉之间的平原地带，背山面海，呈走廊型走向。在城市的延伸方向，西南和北部分别有两条河流对城市进行限定	修建在阿尔卑斯山脉中两山之间科莫湖南岸的狭长盆地之中。距米兰 40 公里	位于丘陵地区河谷盆地之中，修建在下寨山、阁上山、黄家坡三座山峰之间的高地之上，明清驿道从镇中穿过
历史文脉	公元 5 世纪威尼斯周边岛屿开始出现居民点。9 世纪岛上分散的教区开始聚合。公元 11 世纪城市最终形成，并被保存至今	公元 1 世纪为罗马殖民城市。罗马帝国败落后中世纪居民继续使用罗马城市并加以改造。9 世纪老城受到劫掠并被烧毁，后在原址上加入中世纪城市结构重建。14～15 世纪城市外扩，中世纪老城区定形。18 世纪初兴建新古典主义住宅项目巴塞罗尼塔。19 世纪 50 年代在老城区外围兴建拓建区	古罗马帝国殖民城市。中世纪时期继续沿用罗马城市。罗马时期形成的城市轮廓一直被保留至 19 世纪中期。1850 年后受工业革命影响及伴随而来的欧洲第一次城镇化浪潮开始向外扩张。1940 年基本达到现有城市形态	公元 14 世纪明朝开始在青岩驻军、设堡。17 世纪初期明朝末年迁址于现青岩镇位置修建青岩城。17 世纪中叶，城墙改建，向南扩展设定广门，镇城外部轮廓基本定型。清中叶城市由单纯军事堡寨向居住堡寨转型，内部街道网络在自然增长过程中逐步完善
社会文化文脉	典型的中世纪社会文化背景下形成的城市肌理。城市不存在整体性的规划，所有的城市肌理均通过连续的自然生长而成。市场和教堂被作为城市的中心，靠近市场的街道成为店铺聚集的主要通道	老城区：由古代罗马规划网格同中世纪城市肌理混合的产物。巴塞罗尼塔：一次性规划的布局。后来成为高密度聚居区。拓建区：工业革命后影响下城市扩张的典型案例。以平等思想为基础设计的理想化城市格网	罗马规划格网之上的中世纪改建。罗马社会中传统的神庙、浴场、剧院以及市民公共机构被废弃，而在中世纪封闭的经济体系中，市场和天主教堂成为城市的核心。由市场放射至城门的道路成为主要的商业道路后期现代主义时期城市规划在原城外天然形成道路基础上产生。新的国家体制使城邦制时期封闭的城市结构被打破，城墙内外路网联系被加强	由军事堡寨演化而来的自然村镇聚集。处于重要的交通道路上也为城镇带来了商业的契机，市场是城市活动的中心。城市受到多元文化和多种宗教的影响，既有传统的儒家思想影响，也包括佛教、道教以及外来的基督教的影响。祠堂、寺庙、道观、天主堂在城镇中并存
网络空间形态	有机的街网形态，弯曲的路径，狭窄的街巷，高耸的沿街建筑	老城区：古罗马城区还能隐约看到格网形态，但大多数城区仍为典型的中世纪街区形态。巴塞罗尼塔：小尺度统一格网拓建区：现代尺度格网	在罗马格网基础上增加了中世纪的步行捷径，街道主要表现为狭窄高耸的中世纪空间特点	依地势自然生长而成的曲折路径，建筑低矮，街道空间感匀称

第二节　基于 GIS 的城市空间几何形态实证分析方法

正如此前反复论证，人们对城市的总体空间认知是由大量的局部认知集合而成的。因此如何在整体视角下体现网络的局部动态变化是对以上城市案例进行空间形态量化分析的关键。研究首先将格网采样技术引入到对城市案例密度特征实证分析之中，以此作为结合局部与整体的主要途径。随后所有的定量分析都通过以 GIS 为核心的空间分析平台完成。

一、格网采样

采样技术并非一种新的研究方法，它在物理、化学、电子工程学等诸多领域被广泛应用。采样分析技术可以使研究突破对象的宏观表象，深入了解事物的局部特征以及局部在整体范围内的动态变化规律，是对复杂事物进行研究的一种有效方法。在城市研究中，采样分析可以通过设置区域格网实现，这种格网采样技术曾被很多学者在研究中应用 [例如 1972 年马蒂（Matti W）针对城市局部区域所进行的数据采集 ❶，以及 1997 年霍姆（Holm T）对城市网络进行的通行性以及接入性研究 ❷]。所谓格网采样就是利用均等的方格覆盖整个研究区域，其中每个方格被作为特征计量的基本采样单元，通过对各单元覆盖区域内局部对象特征值进行汇总和统计学分析，最终了解整体区域特性分布及变化模式。对于本研究而言，第 3 章所提出的网络空间尺度分析方法将被应用于覆盖案例城市街道系统之上的每一个采样格网之上，从而获取单元网络几何空间形态特征值并将其投影于网络密度图表以及街道高宽关系表之中，于是一个复杂街道网络的几何形态特征就可以表达为图表中一组由局部网络密度特征值组成的动态变化的数据序列。可以看到，格网采样定量分析的计量过程同人认知城市的过程同构的，二者都是一种由局部集合为整体的动态行为，因此通过该技术对城市形态进行描述，所获得结果将同人的城市空间认知更为吻合。

与工程领域采样技术类似，决定格网采样结果的一个重要指标便是采样的频率，或者说是采样单元尺度的设置。合理的采样单元尺度应确保最终的采样结果在宏观尺度与微观尺度均可以获得足够的特征信息量。如果采样单元尺度过大导致采样数量过少，最终的采样结果将无法显示各局部的关系以及局部空间的变化特征；反之，

❶　Matti W. Gridsquare network as a reference system for the analysis of small area data. Acta Geographica Lovaniensia 10，1972：147-63.

❷　Holm T. Using GIS in Mobility and Accessibility Analysis. WWW document，1997. http://www.esri.com/library/userconf/proc97/proc97/proc97/to450/pap440/p440.htm.

如果采样单元尺度过小，也会导致采样单元出现空值或者满值的状态，即采样单元处于道路间隙中而无道路分布，或者采样单元覆盖区域被交通路径充满，这样的采样单元将无法表达区域性几何特征，因此也无法满足采样分析的要求。通过对四个城市案例的分析，研究最终将采样格网单元尺寸统一确定为 250m×250m，该单元可以很好地适应于各个城市街道网络平面。

除了单元尺度之外，另一个有可能影响采样单元测量结果的因素就是采样格网设置的位置与角度。相同的单元尺度，不同的单元角度设置将会获得不同的区域网络几何形态特征值。然而在研究中我们发现，由于对城市网络空间形态研究是建立在统计学分析基础之上的，个体采样单元特征值上的差异性在群组统计计量过程中被削弱了，不同的格网单元角度设置在计量结果上显示出相似的值域分布特性和变化特性（参见附录）。因此研究最终统一采用水平正交式的采样格网布置方式对城市案例进行分析。

二、GIS 平台空间分析技术路线

近十年来，GIS 地理信息分析平台作为空间定量分析的有效工具在城市空间形态研究领域愈发受到重视。GIS 区别于其他计算机辅助图形系统（如计算机辅助制图 CAD、计算机地图制图和图像处理系统）的主要区别在于其具有强大的空间分析能力和空间数据库建构能力。GIS 数据库技术的发展为城市空间形态分析提供了丰富的数据来源。基于 GIS 的空间分析应用研究具有明确的问题导向，可以十分准确对空间对象特征进行描述，而用传统的分析方法却无法提供全面和定量的模型构造和实证计算。此外，城市空间形态演化过程的非线性、不确定性以及内部要素的空间依赖性等特征也使得基于地理信息的 GIS 平台在对空间对象的描述和建模方面优于传统数理统计方法。通过几何学、拓扑学、分形几何学等学科测度方法的结合，GIS 能够定量的分析城市空间格局、空间异质性、空间形态等特征，并进行可视化表现，从而获得对城市空间形态特性及内在机制的进一步认识。

本研究将街道网络几何形态量化描述方法集成于 GIS 通用平台——ArcGIS 系统之中，从而实现在城市尺度下的街道网络几何形态实证分析。整个研究分为四个步骤：数据收集及预处理、数据库搭建、空间数据分析、空间特征分布图示化。

（一）数据收集及预处理

收集案例城市的卫星航拍图以及城市测绘图纸，进行配准和矢量转化处理（CAD 软件），提取城市街道网络边界及中心线信息，构成各个城市的街道网络图。针对每个城市案例的网络形态设置采样格网（图 4.12）。

（二）数据库搭建

将城市道路系统图以及采样格网分别作为不同图层导入 ArcGIS 软件，进行空间位置校正。随后对图层进行叠加操作，并以采样格网为索引生成各城市案例街道网络数据库（图 4.13）。借助 ArcGIS 空间计算能力获取各采样单元内路网路径长度及道路覆盖面积。以下两组 VB 代码程序段分别用于线型对象长度计算以及平面对象面积计算。

采样单元密度参数计量

N_l=0.061

N_a=0.203

图 4.12 使用采样格网覆盖网络平面，针对每个格网进行网络特征值采样

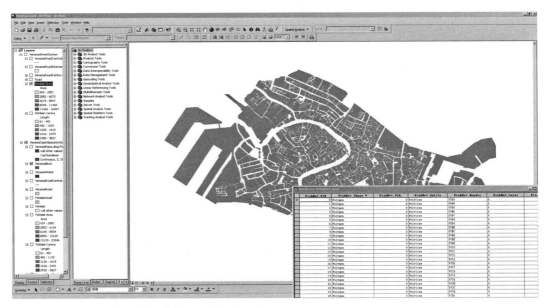

图 4.13 ArcGIS 环境下的空间数据库示意图

长度计算：

```
Dim Output as double
Dim pCurve as ICurve
Set pCurve = [shape]
Output = pCurve.Length
```

面积计算:

Dim Output as double

Dim pArea as Iarea

Set pArea = [shape]

Output = pArea.area

（三）空间数据分析

将空间数据库输出至分析软件，进行数据透视分析，获取各采样单元内路径总长度及总覆盖面积，输入采样单元平均建筑高度值，计算网络线密度、面密度、街道平均宽度以及街道高宽比。最后生成网络密度图表、街道高宽关系图表。

（四）数据图示化

将各案例街道网络数据库同其地理地图链接，在地理空间中对网络几何形态特征的空间分布特性进行图示。

实证研究的技术路线见图 4.14。

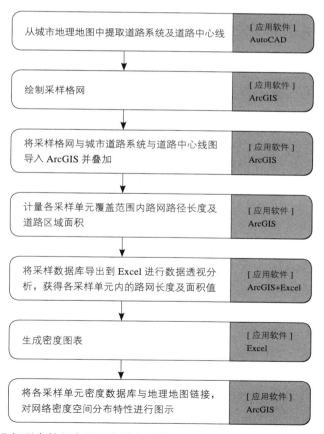

图 4.14　城市网络几何形态特征实证研究技术路线

第三节　城市网络几何形态特征实证分析

结合威尼斯、巴塞罗那、科莫及青岩四个城市的卫星图片及测绘图纸，并将其城市建筑与街道边界矢量化，在 ArcGIS9.2 环境之中，对各城市街道网络空间形态的几何特征进行分析和比较研究。

一、威尼斯

图 4.15 显示了威尼斯街网系统经过格网采样以及空间分析后所获得的网络密度数据点集在密度图表中的投影。在密度图表中，可以看到一个具有连贯性的点集分布序列。网络密度测算显示，威尼斯街网线密度值总体分布在 0.0064 ~ 0.06m/m² 之间，而面密度值则在 0.024 ~ 0.38m/m² 之间。

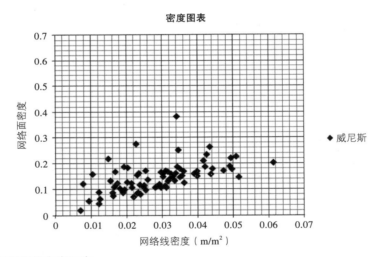

图 4.15　威尼斯网络密度图表

通过图表可以清晰地看到威尼斯街网密度测算点集总体沿一条特定的斜率呈现出明显的线性分布特性。这也表明了威尼斯路网点集的线密度值与面密度值具有较强的相关性，即网络面密度随线密度的变化而发生相同趋势的变化：采样区线密度高，则面密度相应也较高；线密度低，则面密度也相应较低。密度图表空间中点集的这种线性相关分布特性，同时可以看作是城市网络特定空间形态特性的一种反映。点集分布相关性较强表明其网络面密度与线密度比值接近于一个常量，而由于网络面密度同线密度之比可近似理解为该区域街道的平均宽度，因此这也同时表明该网络街道截面宽度尺度相对统一、变化较小。数据点集的线性相关程度可通过一元回归分析求 R 平方函数进行量化衡量。❶ 经计算，威尼斯网络线、面密度指标相关系数 R-squre=0.3045。同时通过数据库计算还可以获得威尼斯网络平均宽度 W 为 5.50m。

基于数据库计算所获得的采样区网络街道平均宽度以及建筑平均高度数据，还可以进一步绘制出威尼斯街道网络高宽关系图表（W-H Gram）（图 4.16），在整体网络范围内，对街道高宽关系特征及变化趋势进行图示分析。通过高宽关系表可以看到，威尼斯网络绝大多数采样区街道高宽特征点均分布在 H/W=2 以上区域，这同中世纪典型的狭窄与高耸的街道空间形象特点相吻合。同时还可以看到，关系图表内特征点分布较为集中，变动幅度不大，说明了在网络系统中威尼斯街道断面尺度具有很强的连续性，这也是形成明确独特城市意向的一个重要因素。

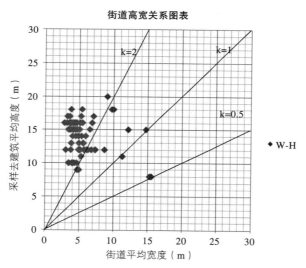

图 4.16 威尼斯街道高宽关系图表

最后将数据库计算信息返回 ArcGIS 平台中，并将采样格网与密度值数据库进行关联，高密度值采样单元以暗色图示，低密度值以亮色图示，从而可以形成一个暗色极高值向亮色极低值渐变的色彩序列。利用这种方法可对网络布局的峰值区域以及总体布局状态进行图示。图 4.17（a）、（b）所示分别为威尼斯整体路网的长度密度分布图以及面积密度分布图。可以看到无论是网络长度密度还是面积密度，威尼斯路网密度最高值点均分布在贯穿城市地理中心大运河周边地区，这些地区也是威尼斯最为活跃的城市区域，集中了城市中主要的教堂、广场以及核心商业。同时威尼斯街道系统网络密度值从内城向威尼斯岛周边逐级递减，这种网络密度分布图示也反应出威尼斯这种自然城市聚落典型的向心式空间布局特征。

---

❶ 数据统计中，R 被定义为相关系数，R 的平方值反映两个变量间是否存在相关关系，以及这种相关关系密切程度的一个统计量。求取 R 平方值（R-square）的过程被称为一元回归分析，回归方程所返回的 R 平方值范围在 0 至 1 之间，越接近 1 说明两组参数关系越密切，越接近 0 则不存在线性关系。

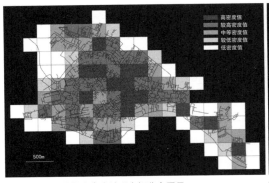 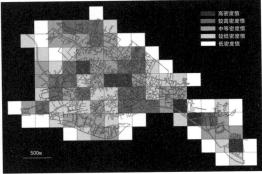

（a）威尼斯网络长度密度地理空间分布图示　　　　　　（b）威尼斯网络面积密度地理空间分布图示

图4.17　威尼斯网络密度地理空间分布图示

二、巴塞罗那中心区

　　巴塞罗那城市街网所有采样单元的密度特征值被投影于密度图表中（图4.18）。与威尼斯网络密度图表不同，在巴塞罗那中心区网络密度图表中，可以明确地识别出三个独立的数据集，分别来自于采样区域内三个相对独立的路网布局：图表左上部数据点来自于巴塞罗那拓展区，图表底部区域数据点来自于哥特区，而右上侧数据点来自于巴塞罗尼塔区。巴塞罗那拓建区网络线密度值分布于 0.0096～0.024m/m² 区间，面密度值分布在 0.16～0.53 区间；哥特区网络线密度值为 0.018～0.042m/m²，面密度值为 0.11～0.4；巴塞罗尼塔区网络线密度值为 0.044～0.050m/m²，面密度值为 0.36～0.44。而巴塞罗那中心区整体线密度值域为 0.006～0.050m/m²，面密度值域为 0.04～0.64（表4.2）。

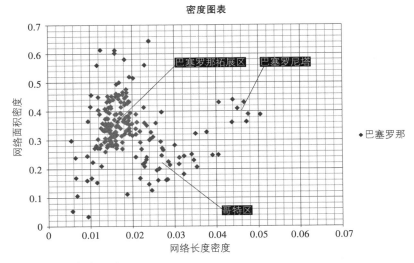

图4.18　巴塞罗那网络密度图表

巴塞罗那中心区及其子网络几何形态特征数据统计　　表 4.2

	网络线密度值域（m/m²）	网络面密度值域	R-square	平均宽度（m）
巴塞罗那中心区	0.006～0.050	0.04～0.64	0.0086	20.35
老城区	0.018～0.042	0.11～0.4	0.26	8.15
巴塞罗尼塔区	0.044～0.050	0.36～0.44	0.29	7.95
拓建区	0.0096～0.024	0.16～0.53	0.09	22.54

　　当从整体的视角对巴塞罗那中心区密度特征进行研究，可以看到其网络点集分布不再呈现出与威尼斯路网相似的线性相关特征。对巴塞罗那整体数据点集进行回归分析，获得其 R-square=0.0086，该值趋近于 0，可认为巴塞罗那中心区网络线、面密度无相关特性。这从量化角度反映出巴塞罗那由三个不同街网片段构成的中心区不存在尺度的连续性，其空间几何特征迥异。

　　然而如果对该区域三个独立网络分别进行分析，则能够发现每个网络的数据点集分别呈聚集状态分布，即网络内部各自保持了连贯的空间几何特征，而彼此之间差异显著。其中与威尼斯网络同为中世纪街区的巴塞罗那老城区网络点集同样呈现出一定的线性分布特征。单独对老城区网络数据点集进行独立回归分析，可得到 R-square=0.26，虽然该相关度低于威尼斯网络，但已显著高于巴塞罗那中心区网络总体密度相关度，显示出该网络中街道断面仍然保持了一定的形态连续性。另外统一尺度格网布局的巴塞罗尼塔区 R-square 值为 0.29，也相对较高。比较而言，拓建区因网络内部存在等级体系划分，道路断面宽度随等级不同差异化设置，因此网络数据点集的线、面密度相关性则相对较低，其 R-square 值为 0.09（表 4.2）。此外通过数据库计算可得老城区、巴塞罗尼塔区以及拓建区道路平均宽度分别为 8.15m、22.54m、7.95m。

　　随后将巴塞罗那中心区网络街道高宽数据投影到高宽关系图标之中（图 4.19）。该

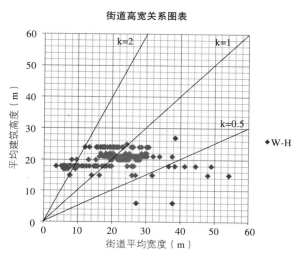

图 4.19　巴塞罗那中心区街道高宽关系图表

图表显示出整个区域内网络的街道高宽特性分布范围和差异性。巴塞罗那中心区建筑高度相对统一，多为 6 至 8 层建筑，高度 20m 左右。老城区和巴塞罗尼塔区街道宽度较为狭窄，街道呈竖向高耸的空间形态，两区域中所有采样单元街道高宽比均大于 1，其中一部分采样单元特征点分布于 H/W=2 以上区域。拓建区街道较宽阔，街道宽度普遍在 20～30m 之间，大多数采样取街道高宽比在 H/W=0.5 与 H/W=1 区间内。

同样通过 GIS 平台将巴塞罗那中心区的网络密度特征值分布进行图示化，如图 4.20（a）、（b）。与威尼斯图示相同，由暗色至亮色的色谱变化表征了网络密度值由高到低的分布。相比于威尼斯网络长度密度图示与网络面积密度图示具有较高的相关性，巴塞罗那中心区密度分布图示却呈现出某种反向的形态分布特征。在网络长度密度测算中，巴塞罗那哥特区具有最高的网络密度，而巴塞罗那拓展区网络密度最低；而在网络面积密度测算中，哥特区网络密度最低而拓展区网络密度最高。通过网络密度特征分析可以看到，巴塞罗那拓展区、哥特区以及巴塞罗尼塔区分别展现出截然不同的网络几何特征，这三种在不同历史背景和文脉环境下生成的城市肌理使巴塞罗那中心区呈现出一种片段式的城市结构特性。

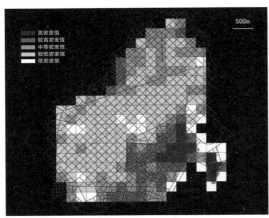

（a）巴塞罗那网络线密度地理空间分布图示　　　　　　　（b）巴塞罗那网络面密度地理空间分布图示

图 4.20　巴塞罗那网络密度地理空间分布图示

三、科莫

图 4.21 为科莫城市街道网络采样单元密度特征值在密度图表中的分布图示。尽管现代科莫城市的网络系统并非通过一个连贯的过程增长而成，但是通过密度图表中的数据点集可以看到一个基本连贯的数据分布区间，街网线密度值分布在 0.008～0.028m/m² 区间内，面密度值分布在 0.08～0.46 区间内。科莫城市街网的这种分布状态同威尼斯网络更为相似，而不同于巴塞罗那中心区路网，连贯的形态特性使其看起来更近似于一个自然生长形成的城市，而非后期规划拓展的城市。事实

上科莫的空间特质同其规划方式与过程密不可分。尽管科莫与巴塞罗那一样，都经历了 19 世纪下半叶大规模的城市扩张，但科莫并没有采用巴塞罗那以及大多数欧洲城市所普遍采用的整体式拓展规划方式，而是选择了尊重环境和自然道路形态的渐进式的规划方式。科莫规划中，城市郊外天然形成的道路得以保留和固定下来，新的道路在原道路框架的基础上逐渐添加，从而一步步形成完整的城市网络系统。可以说现代科莫城市肌理是有机增长同现代规划结合的优秀案例，它连贯的形态特质使人们在认知城市时能够获得浑然一体的空间感受。

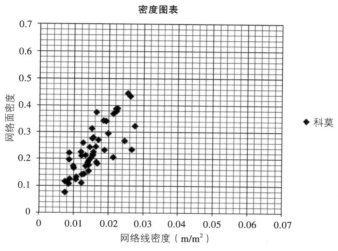

图 4.21 科莫网络密度图表

与威尼斯网络以及巴塞罗那老城区网络相类似，科莫路网密度特征点分布也呈现出线性分布状态。对网络线、面密度参数进行回归计算可得其 R-square 值高达 0.71，显示出比威尼斯更为连贯的道路断面尺度特征。同时通过数据库计算也可以获得科莫路网平均宽度为 15.55m。

同样，利用高宽关系图表对科莫城市街道空间尺度特征进行图示（图 4.22）。相对于典型的中世纪街区，科莫的街道空间显得更为开敞匀称。大多数街道尺度特征值点分布在 H/W=2 与 H/W=0.5 之间，并集中分布在 H/W=1 附近。

科莫城市的两张网络密度分布图示同样也说明了其街道网络线、面密度之间存在的高相关性（图 4.23）。可以看到，两张密度图表显示出基本一致的密度分布模式：位于科莫湖边的中心老城区具有相对较高的网络线密度与面密度，随着城市向外扩散，网络密度逐级下降，形成一种典型的梯度分布状态。街网密集的老城中心目前仍聚集了城市中主要的商业以及公共活动场所，城市的住宅则大多分布在外围区域。

通过对比两张密度图示，还可以发现二者之间的一些差异之处。网络面密度图示显示出原老城区边缘地区，即新老城交界地区具有很高的网络面密度值。该区域原为城墙以及护城沟渠，19 世纪末期城墙拆除，沟渠填平，并修建了环城道路从而加强老城与新城的联系。目前该道路已成为衔接老城传统街道网络与新城街网的一条重要纽带。

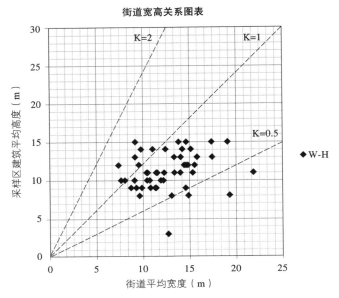

图 4.22 科莫街道高宽关系图表

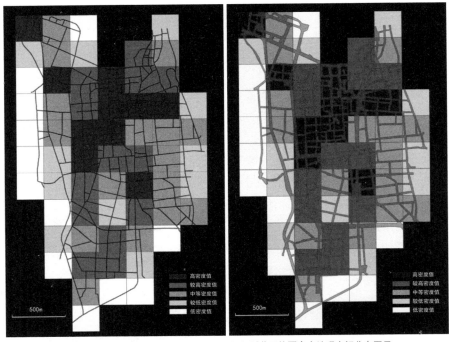

（a）科莫网络线密度地理空间分布图示　　　（b）科莫网络面密度地理空间分布图示

图 4.23 科莫网络密度地理空间分布图示

四、青岩

青岩城市街道网络密度图表见图 4.24。青岩作为四个城市中尺度最小的一个案例，尽管采样数量较少，但其密度数据点集仍然呈现出具有明确连贯性和相关性的分布特征。青岩网络线密度值域为 0.005 ~ 0.024m/m²，面密度值域为 0.04 ~ 0.22，其网络密度总体明显低于其他三个城市案例。尽管小规模的城市更易形成密集的街道网络系统，然而由于受到山地环境的制约，青岩城镇区域难以形成高密度的网络系统。对青岩网络密度参数进行回归分析可以发现，其线、面密度相关系数 R-square 值高达 0.77。同科莫一样，青岩街道宽度具有很强的统一性，平均宽度值为 7.3m。

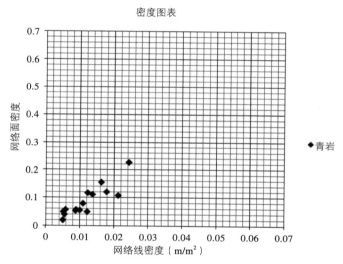

图 4.24　青岩网络密度图表

通过街道高宽关系图表（图 4.25）可看到，大多数青岩采样数据点分布在 H/W=1 与 H/W=0.5 辅助线区间，且街道高宽尺度均未超过 10m，这显示出青岩街道具有相对小的空间尺度以及均衡的高宽比例。青岩极具地方特色的石砌民居建筑同西欧中世纪城市建筑之间具有显著的区别，大多数青岩传统民居建筑未超过两层，而欧洲中世纪居住建筑则以狭窄面宽和高耸立面为代表，其建筑高度多在 5 层以上，两种地域建筑的差异最终导致了街道空间形式和尺度的显著区别。

最后在 GIS 平台下，对青岩网络密度空间分布进行图示。图 4.26 显示出青岩网络线密度和面密度基本一致的分布特征。城镇的中心场坝区域，也就是现今集市所在地附近具有最高的网络密度，大量街道将人流从周边居住区域吸引至中心市场位置。与威尼斯等其他自然生长城市网络相似，青岩城市网络密度呈现出从中心向四周梯度递减的趋势，这也显示出其有机城市的网络空间特性。

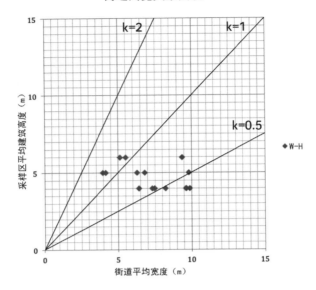

图 4.25　青岩街道高宽关系图表

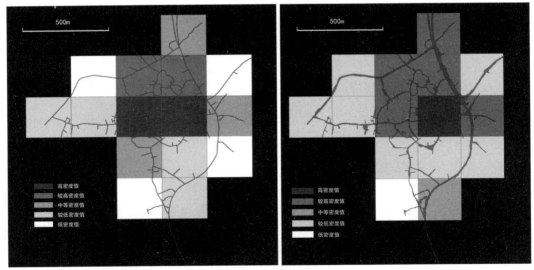

（a）青岩网络线密度地理空间分布图示　　　　　　　　　　（b）青岩网络面密度地理空间分布图示

图 4.26　青岩网络密度地理空间分布图示

五、城市网络案例空间几何形态比较研究

　　表 4.3 对四个城市案例网络的主要几何形态特征数据进行了统计，而它们的密度数据与街道高宽数据点集则分别被汇总到一张密度图表（图 4.27）以及一张街道高宽关系图表（图 4.28）中，从而对其进行综合比较。

城市案例整体网络几何形态特征数据统计　表 4.3

	网络线密度值域（m/m²）	网络线密度算术平均值（m/m²）	网络面密度值域	网络面密度算术平均值	R-square	网络街道平均宽度（m）	网络沿街建筑平均高度（m）	网络平均高宽比
威尼斯	0.0064～0.06	0.029	0.024～0.38	0.145	0.3045	5.50	14.04	2.55
巴塞罗那中心区	0.006～0.050	0.018	0.04～0.64	0.335	0.0086	20.35	20.33	1.00
巴塞罗那老城区	0.018～0.042	0.029	0.11～0.4	0.24	0.26	8.15	18.14	2.23
巴塞罗尼塔区	0.044～0.050	0.045	0.36～0.44	0.36	0.29	7.95	18.3	2.30
巴塞罗那拓建区	0.0096～0.024	0.016	0.16～0.53	0.35	0.09	22.54	21.42	0.95
科莫	0.008～0.028	0.015	0.08～0.46	0.233	0.71	15.21	11.22	0.74
青岩	0.005～0.024	0.012	0.04～0.22	0.086	0.77	7.3	4.73	0.64

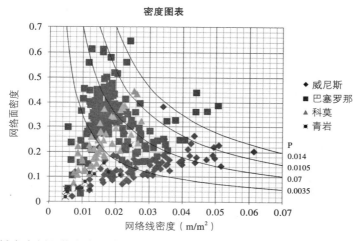

图 4.27　四个城市案例网络密度图表分析

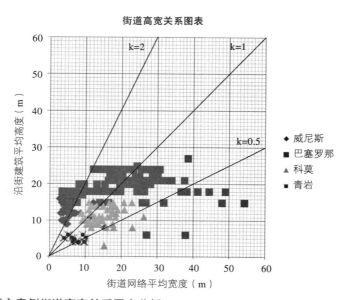

图 4.28　四个城市案例街道高宽关系图表分析

借助于网络密度图表可以看到，四个城市案例中，威尼斯、科莫以及青岩三个在自然增长过程下渐进形成的城市网络数据点集分布形态更为相似，都呈现出连续线性的分布状态，而如前文所述，巴塞罗那中心区的密度数据点集则分散在三个相对独立的区域，这同另外三个城市案例形成了鲜明的对照。事实上，巴塞罗那中心区密度测算直观地反映了其城市区域的空间布局特征：直到今日，三个于不同时期不同文脉下发展形成的城市肌理仍然以一种割裂并置的状态在城市中并存。

但如果将巴塞罗那中心区视为三个独立的子网络，就可以发现巴塞罗那老城区与威尼斯这两个同样形成于中世纪的城市网络的密度值点集在坐标系中的分布在很大程度上相互重合，其分布位置与分布形态都十分相近。这表明这些中世纪城市的街道除了在直观上具有蜿蜒曲折和狭窄高耸的形态特性之外，其网络的尺度特征也是相类似的，而这一点在以往学者的描述中却常常被忽视。这些中世纪网络都具有比较细密的街道网格（网络线密度较高，均值在 $0.02m/m^2$ 之上），同时道路宽度狭窄但保持了较高的尺度连续性（网络面密度较低，线、面密度相关系数 R-square 值较高）。

而巴塞罗那两个一次性规划而成的格网布局子网络——巴塞罗那拓建区和巴塞罗尼塔——则都分布在坐标系中较高的位置，这意味着这两个格网布局实例都具有相对较高的路网覆盖率。但同时两格网布局数据点集之间也存在着明显的差异性。拓展区点集分布在图表的左侧区域，网络线密度值相对较低，因此其网络框架尺度最大，街段距离最长。而巴塞罗尼塔区点集分布在图表的右侧，其网络线密度值是所有测试网络中最高的，因此具有最为精细的网络框架。

城市案例中，科莫和青岩的线、面密度参数之间呈现出最强的线性相关特性，这两个城市都具有统一的街道断面尺度并形成空间的整体性。威尼斯路网与巴塞罗那老城因城市中散布了大量的城市广场和开放空间，因此其网络密度参量的相关性受到影响而低于此前所述两个城市。巴塞罗尼塔路网具有人为设定的统一的道路宽度，因此其密度参量相关性与两个中世纪城市基本等同。而具有明确交通等级设置的巴塞罗那拓建区路网线性相关性最低。

此外，将四个具有自然生长特性的城市网络（威尼斯、巴塞罗那老城区、科莫、青岩）与两个人为规划而成的城市网络（巴塞罗尼塔与巴塞罗那拓建区）进行对比，会发现两种类型城市网络的数据点集的分布具有明显的差异性。自然生长城市的网络密度点集呈连续线性分布，其网络线密度连续覆盖了比较广的值域区间；而人工规划的城市网络则呈团块状聚集分布，所覆盖的网络线密度区间也相对狭窄。这两种网络类型的点集分布状态与其城市空间布局特征以及形成过程密不可分。自然生长而成的城市街道网络在漫长的演化过程中自身构成一个独立的运行系统，城市中心高密度网络服务于商业、公共活动等聚集型城市功能，而周边低密度网络则服务于居住这样的分散型城市功能。城市网络从中心向周边的几何形态变化是连续不间断的，每一个网络局部都是网络整体变化模式的有机构成部分。而巴塞罗那案例中两个人为规划的城市网络则都是基于某种单一城市目的或功能而一次性生成的，它们自身既不构成一个独立的网络系统，同时也不与其他任何一个网络产生连续性。在城市中，这种网络只能以一种孤立的片段形式存在，无法与其他网络发生空间形态上的联系。

　　街道高宽关系图表则为我们展示了四个城市案例在高度维度上的街道尺度特征。从图表中可以看到，尽管青岩、科莫与巴塞罗那拓建区网络都分布在 H/W=0.5 与 H/W=1 高宽比区间内，但三个网络分别代表了截然不同的街道尺度：青岩具有最小的街道尺度，对行人而言，这种街道具有最强的亲切感和舒适感；巴塞罗那拓建区则具有最大的街道尺度，其街道宽阔，便于机动车辆通行，而对于行人而言则有远离感；科莫的街道尺度恰恰介于二者之间，其城市街道比青岩更为开阔，但仍然适于步行人流使用。事实上，芦原义信也曾在研究中对这种东西方城市街道的尺度差异性进行概念性的描述："……即使相同的 D/H，西欧街道要比想象的宽阔，换句话说，建筑要比想象的高大……日本的街道要比西欧的低矮狭窄。"❶ 芦原义信的研究为我们概括了不同街道类型的典型特性，而借助于街道高宽关系表则可以将这些特性进行量化，并在不同街道类型之间进行精确的比较。此外，街道高宽关系图表中，两个中世纪网络特征点所分布的区域则代表了非常典型的中世纪街道尺度特征，狭窄的街道（街道宽度小于10m）、高耸的沿街立面（20m 左右沿街建筑高度），以及高达 2.5 的街道高宽比例。

　　为了更为清晰的对各个网络在图表中的分布位置进行比较，研究使用单个特征点对一个完整网络系统进行标识，该特征点即为对应网络所有点形态参量的算术平均值。对于巴塞罗那中心区网络而言，由于其内部分为三个独立的子网络系统，因此每个子网络均采用一个特征点进行标识。

　　各城市样本网络特征点被投影于图 4.29 所示密度图表中，而第三章中所分析的局部网络样本也被投影于该图表中用于参考，同时密度图表中加入了渗透性等级辅助曲线对各数据点进行标度，从而对不同类型网络样本进行综合性分析。

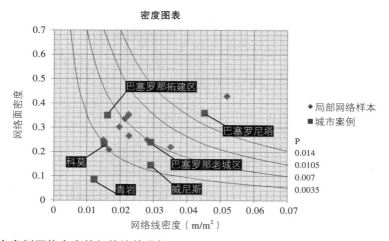

图 4.29　城市案例网络密度特征值比较分析

❶　芦原义信著 . 街道的美学 [M]. 尹培桐译 . 天津：百花文艺出版社，2006：47-49.

通过上图可以看到，中世纪城市网络数据点在密度图表中的分布位置仍然显示出强烈的特征性。威尼斯、巴塞罗那老城区和雅典、突尼斯这些中世纪城市案例一样保持了特定的空间形态特征——细密的路网框架以及较低的道路覆盖率。欧洲中世纪社会结构和历史文脉对于城市的影响跨越了地域的尺度，从而造就了这些城市空间形态在尺度方面的共性。同为19世纪中后期城市扩展格网规划平面的巴塞罗那拓建区与格拉斯哥两个格网显示出相近的网络密度特征，这一时期在欧洲普遍兴起的城市拓建项目大多采用的统一规整的格网形式以及相近的尺度控制，因此最终的城市空间产物也都体现出类似的形态特征。巴塞罗尼塔与庞德伯里这两个人为规划的网络案例都显示出极端性的尺度特征，二者都同时具有很高的网络线密度与面密度指标，而这种极值特性很难在自然形成的街道网络系统中看到，可以被认为是在人为设计过程中所产生出的一种特殊的网络形式。在所有网络密度特征点中，青岩网络显示出与众不同的形态特性，作为样本中唯一一个中国传统山地城市案例，它所具有的网络密度指标低于其他所有欧洲城市案例，尽管青岩同欧洲中世纪城市一样经由缓慢的自然生长过程形成，具有相近的道路断面宽度，并都具有随机并且弯曲的道路形式，但从网络尺度观察，它与欧洲各个城市都是截然不同的。青岩不具有与威尼斯类似的细密街道网络框架，同时整体街道的覆盖率也相对较低。

图表中的网络渗透性等级辅助曲线标度了各个网络的渗透性特征。可以看到，无论是粗放的19世纪欧洲城市拓展格网，还是精细的欧洲中世纪街网，抑或是现代主义规划的城市郊区平面都主要分布在0.0035～0.007渗透性等级区间内，其中位于城市郊区的居住性网络的渗透性等级相对较低，而城市中心区网络渗透性等级相对较高。但同时在所有网络样本中，我们也看到了渗透性极高值与极低值的情况。青岩网络具有极低的渗透性，这与其山地城市的特性密不可分，由于地形的影响，城镇内一些区域无法被开发利用，因此作为自然生长而成的青岩网络不需要提供很高的网络渗透性将交通流输送到地块的内部区域。与青岩相反，巴塞罗尼塔与庞德伯里为规划网络显示出了极高的渗透性，这种渗透性不仅表现在道路的高覆盖率方面，同时也表现为街道密集，延伸至网络中的所有地区，而这种网络的高渗透性也成为这两个产生于不同时代，具有不同形式的网络共同的空间形态尺度特征。

第四节　城市网络的几何形态异质性

所有城市、特别是那些自然生长而成的城市，其街道网络空间形态通常都具有复杂的特性。它们绝少呈现出绝对均质的状态，城市街道中随处可见网络疏密、道路宽窄的变化。利用采样技术对城市网络进行分析，正是要在整体尺度上对网络局部之间复杂的动态变化进行图示。网络密度图表中，每一个数据点都代表了一个网络局部的密度特征值，而每一个完整网络案例则由一组数据点集合共同描述。通过数据点集合在密度图表中分布的位置可以了解一个网络的密度特性，而根据密度数据点集的分布模式还可以进一步判定一个整体网络的其他特性。之前研究中通过对点集的直接识别可以判断一个网络内部几何空间形态是否连续，同时通过对数据点集密度参量进行回归分析求 R 平方值可以衡量网络内部线、面密度相关性高低，进而判断网络街道宽度尺度是否一致。接下来，研究将进一步通过对网络密度点集进行分析，描述复杂网络的另一个重要几何形态特性——异质性。

网络几何形态异质性的高低代表网络内部形态变化的程度：网络异质性越高，网络内部形态变化越剧烈，网络整体呈现出复杂的几何形态特征，同时网络局部形态特征值的差异性越大；网络异质性越低，网络内部形态变化越小，网络形态特性更为均匀统一，相应网络局部形态特征值之间的差异也就越小。因此通过对特定网络密度数据点在密度图表中分布的差异性——即点集的离散性——进行判断，就可以了解该网络几何形态异质性程度。

异质性（Het）

数据统计计算中，可利用标准差（Standard deviation）函数对一组数据离散度进行计算。标准差函数反映了数据组相对平均数的距离，它是离差平方和平均后的方根。标准差函数表达为 STDEV（number1，number2，…），number1，number2 为样本数据组。而网络几何形态异质性的计算公式就为（公式 4-1）：

$$Het（N）=STDEV（number1，number2，\cdots）= \sqrt{\frac{\sum（X-\overline{X}）^2}{（n-1）}} \qquad （4-1）$$

公式中，$\overline{X}$ 为样本平均值，n 为样本大小。借助于标准差函数可以对每个网络的线密度数组以及面密度数组分别计算数据离散度，从而获得网络线密度异质性指标 $[Het（N_l）]$ 以及面密度异质性指标 $[Het（N_a）]$。

相对异质性（RHet）

在网络密度异质性指标的基础上可进一步网络的相对异质性进行计量。网络相对异质性即为网络密度异质性同网络密度均质的比值。相对于网络总体密度规模而言，一个街道网络密度数据采样之间的差异性越大，则该网络密度指标相对异质性越大，反之则越小。网络密度相对异质性计量事实上是韦伯定律❶在城市空间几何形态特性上的反映。人对与两个街道网络密度几何特征差别的感知，不是由两路网之间差别的绝对值所决定的，而是由二者之间差别规模同网络原始密度规模的比值决定的。

---

❶ 1830 年代，德国生理学家韦伯（E.H.Weber）在研究差别阈限时，发现在中等刺激强度范围内，每种感觉器官的差别阈限是一个常数。用公式表示即为：$K=\Delta I/I$，其中 K 是差别阈限常数（又称韦伯分数）；I 是原刺激量；ΔI 是增加刺激量。该规律被称作"韦伯定律"。参见《图案设计原理》，诸葛铠著，江苏：江苏美术出版社，1991：P216。

因此相对异质性计算公式可表达为（公式 4-2）：

$$RHet = \frac{STDEV(N)}{AVERAGE(N)} \qquad (4\text{-}2)$$

综合异质性指标（GHet）

网络异质性指标以及相对异质性指标都是对于网络单一密度指标数组进行线性离散性分析的统计函数。如果要在密度图表平面空间内对网络密度特征离散性进行综合评价，就需要将网络相对线密度异质性指标同相对面密度异质性指标进行总体考量。研究通过对网络相对线、面密度异质性指标平方和求方根获得网络密度综合异质性指标，其公式表达如下（公式 4-3）：

$$GHet = \sqrt{\left(\frac{STDEV(N_l)}{AVERAGE(N_l)}\right)^2 + \left(\frac{STDEV(N_a)}{AVERAGE(N_a)}\right)^2} \qquad (4\text{-}3)$$

借助于综合异质性指标就可以对不同网络几何形态特征差异进行总体性比较和评价。

表 4.4 显示了各城市案例及子网络几何形态异质性指标，图 4.30 为对各网络综合异质性指标的比较分析。

城市案例网络异质性指标统计　　　　　　　　　　　　　　　表 4.4

	线密度异质性 [Het（N_l）]	面密度异质性 [Het（N_a）]	线密度相对异质 性 [RHet（N_l）]	面密度相对异质 性 [RHet（N_a）]	综合异质性 （GHet）
威尼斯	0.011492	0.055937	0.398093	0.385468	0.554133
巴塞罗那中心区	0.007141	0.097332	0.387445	0.290501	0.484257
巴塞罗那老城区	0.002556	0.065403	0.160567	0.184953	0.244927
巴塞罗尼塔	0.003787	0.070202	0.083786	0.19495	0.212193
巴塞罗那拓建区	0.002556	0.065403	0.160567	0.184953	0.244927
科莫	0.006234	0.100847	0.451125	0.480329	0.658962
青岩	0.005946	0.054105	0.507573	0.626060	0.805966

通过网络异质性分析可以看到，有机城市网络（威尼斯、巴塞罗那老城区、科莫以及青岩）普遍具有较高的网络几何形态异质性（高于 0.35）。这些网络的密度参数从中心地带向周边呈梯度模式递减，中心网络几何形态特性与周边网络普遍存在着明显的变化，其总体网络空间布局呈现出一种差异化、非均质状态。有机网络中两个小尺度城市案例——科莫和青岩，由于总体尺度较小，从城市中心向周边网络的梯度变化更为剧烈，因此异质性也相对更高，分别达到了 0.66 与 0.81。相比较而言，人工的格网街道布局（巴塞罗尼塔与巴塞罗那拓建区）则具有比较低的几何形态异

质性（分别为 0.21 和 0.24），这些网络布局均通过一次性规划方式产生，利用没有变化的网格图形铺满整个地块，因此布局内部空间特征相似，呈现出一种均质化街道形态。而作为由三个子网络构成的巴塞罗那中心区网络，在测算中同样显示出较高的几何形态异质性，不同网络之间几何形态的差异性导致其整体空间特性差异明显。借助于网络几何异质性指标，我们得以透视这些城市街道网络案例内部更深层次上的形态差异性，辨别整体网络空间形态特征的动态分布模式，并进而在不同网络之间进行精确的比较分析。

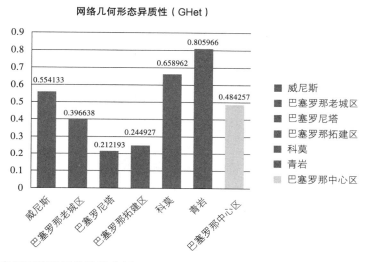

图 4.30 城市案例网络异质性比较分析

第五节 小结

本章将第三章提出的网络密度图表以及街道高宽关系分析方法应用于真实环境下的完整城市案例之中，对四个来自于不同地区和文脉背景的网络系统进行几何形态定量实证分析。研究可以分为空间信息采集和空间形态分析两个主要部分。

格网采样技术是实现城市网络空间信息采集的核心，该技术使城市分析可以还原人们使用城市时由局部经验累积形成整体感知的过程，从而在空间形态分析中真实地反映了城市空间的经验认知模式。这种对城市全局网络采样分析方式与第三章对局部网络样本分析之间的差别就在于每一个城市网络案例都被表达为一个数据集合，以及图表工具中的一组散点。相比于将网络作为一个简单的物质整体，采用单一平均数据的描述方式，数据集和点集描述方法有效的反映出真实城市中复杂的空间形态特征以及网络各个局部之间的动态变化，而此时所描绘的城市则是一个由许多局部形成的复杂整体。

　　研究使用 ArcGIS 软件对大规模城市网络采样区空间形态要素进行计算，同时生成每个城市网络及其子网络的空间信息数据库，从而为进一步的空间分析提供数据支持。此外 ArcGIS 地理信息系统还被应用于对城市网络空间信息的图示化图解之中，该软件可以在地理地图空间内对网络空间形态特征值进行直观图示，清晰的显示出城市网络布局的梯度特性。

　　对城市案例网络空间数据进行分析的过程中，研究针对网络密度形态特征提出了三个网络空间分布特性：连贯性、相关性与异质性。连贯性描述了网络局部空间是否以一种有机的连续的方式组成整体，这种特性可以通过密度图表点集分布方式进行直观识别。城市案例中，自然增长而成的城市都具有清晰的连贯性，网络中每一部分都与周边部分发生关联，并形成空间上的连续的过渡变化。相对而言，巴塞罗那中心区作为一个由中世纪有机城市与规划格网结合而成的案例，其网络密度特征点集则显示出它空间形态上的断裂状态。三个网络区域无关联的分布于三个不同空间形态特性的区域，规划格网与中世纪有机网络之间是割裂的，同时两个不同时期格网之间也毫无形态关联。

　　（线、面密度）相关性描述了网络点集的线性分布特性，这同时也反映了网络中街道断面尺度的延续性。具有较高线面密度相关性的网络，点集呈现出比较典型的线性分布形态；反之则无明显线性形态。在测试的网络案例中，大多数网络数据点集都呈现出一定的线性分布形态，其中青岩、科莫都具有很高的线性相关性，其网络街道断面尺度较为统一；威尼斯和巴塞罗那老城区路网线、面密度相关性略低，这些城市网络中散步了开放空间与城市广场，因而导致了空间尺度上的变化；而巴塞罗那拓展区在设计中尽管大量使用了统一 20m 宽度的格网系统，但塞尔达在主要交通路径上设置了宽达 60m 的干道，以此作为更高级别的道路满足交通的需求；这种带有等级设置的道路网络在形态测算中显示了比较低的线、面密度相关性。

　　网络几何形态异质性特征则描述了网络内部的构成特性。有机城市网络表现出异质构成的特性，城市中心与城市边缘网络尺度特征具有明显差异，并形成梯度变化模式。而人为规划一次性建设的网络样本则显示出很强的同质性构成特征，无变化的格网以阵列的方式覆盖整个区域，空间内部任何一点都与其他区域具有相近的感受。

　　综合上述三个特性可以发现，有机城市案例与规划格网案例在空间形态特征以及内部形态构成方面存在着明显的区别。有机城市内部网络几何形态特征在空间分布上非均质，但形成一个连续变化的有机整体；规划格网内部构成同质化，但网络孤立存在，即不与有机城市肌理发生关联也不与其他格网发生空间联系。

　　在空间形态分析过程中，研究还利用街道高宽关系图表对四个城市案例网络在高度维度上的空间特性进行了分析。城市案例中，两个中世纪网络都分布在图表中的特定区域——H/W=2 辅助线以上区域，反映出这两个街道网络空间狭窄高耸的典型特征。青岩、科莫、巴塞罗那拓建区三个网络点集都分布在 H/W=1 附近区间内，具有相似的高宽比特性。但图表也清晰地显示了三个网络的尺度差异，尽管高宽比值相似，但不同的街道尺度仍然使三个案例具有完全不同的空间感受。

通过上述分析，四个城市案例之间几何形态的差异性已经变得十分清晰。亚历山大曾在《城市设计新理论》一书中对传统城市中"无处不在的整体性"大加褒扬，并痛心疾首"这种特征在今天建设起来的城镇中已不复存在。"❶ 定量的形态研究使我们看到了这种"整体性"的丧失具体体现在城市空间形态中的哪些方面，以及何种因素导致了这种特性的丧失。有机城市以一种自我筛选竞争的方式实现了网络空间的整体性与连贯性，而传统规划却大多聚焦于地块内部的布置，既无需求也无手段去营造全局尺度下城市空间的整体性。密度图表与高宽关系图表提供给城市设计师以及研究学者一个对城市几何空间特性进行精确描述和分析的工具，它将为人们提供一个有效识别城市整体复杂性特征的手段。

本章以及第三章内容共同构建了街道网络几何形态分析技术部分。尺度要素作为人们认知城市空间几何特征的重要媒介在研究中以定量的方式加以全面的计量。然而人们对城市空间的认知不仅是通过尺度识别获得的，网络的拓扑结构属性同样也会左右人们的感受甚至影响人们的行为模式。从下一章开始，研究将对网络的拓扑形态属性加以研究，了解空间的连接方式对于城市经验所产生的影响。

---

❶ （美）C·亚历山大，H·奈斯，A·安尼诺.城市设计新理论 [M].陈冶业，童丽萍译.北京：知识产权出版社，2002.

第五章　街道网络拓扑性空间形态变量测算

　　人们对于城市街道网络的认知一方面来自于对空间呈现出的直观几何形态的观察，如长短、大小、面积等带有量度数据的街道形态性质，但同时也受到网络空间的另一种与尺度无关的特性的影响——网络内部的连接结构。网络内部的连接结构直接影响了人在网络内部运行的方式。研究显示，人在运动中并非根据对实际路程距离的估算来识路行走，而是根据对道路彼此连接的几何想象来识路行走。❶尽管人们在认识一个网络时，其抽象连接形态并不像宽度、高度一样直观可见，但是这种空间结构却在潜意识中形成了人们对于城市认知和记忆的一部分。因此要完整的反映人们头脑中的街道网络空间图示，同样需要找到一种方法对网络的空间连接结构进行准确的描述。

　　相对于几何学对图形尺度特征的描述，拓扑学被应用于对图形抽象连接结构和相对关系的研究之中。城市网络拓扑性空间分析将真实的街道网络抽象为结构图示，真实网络中的比例、绝对位置、长度、面积等要素均被简化，仅保留内部要素的相对位置、相互的邻接关系以及连接性信息进行分析。拓扑研究中最重要的分析理论就是图论（Graph Theory），网络的抽象与分析过程都借助图论而实现。图论是数学的一个分支，它以点线图示（Graph）作为研究对象。图论中的图示由若干给定的点以及连接两点的线构成，其中点代表事物对象、而线则表示相应两事物之间具有的关系。在点线图示所展示的信息中，各要素之间的拓扑组合方式成为研究的重点，而图式的几何形态以及各元素的尺度则不被考虑。

　　图论在电路结构、机械结构、语言结构学、人类学、社会学、管理学、交通地理学以及建筑形式等方面有着广泛的应用，而自20世纪50年代以来该理论在街道网络研究中也被大量采用，并衍生出多种不同的网络图示与分析方法。本章将首先介绍了目前最常使用的三种以图论为基础的网络拓扑结构图示方法，并在此基础上构建起一个网络拓扑形态定量描述框架。利用该拓扑形态描述框架，对前章提到的12个局部网络样本的拓扑形态特性进行描述，从拓扑视角定量化识别各网络类型特性。

---

❶　比尔·希利尔. 场所艺术与空间科学 [J]. 世界建筑，2005.11. 29.

第一节　网络拓扑结构图示法

一、常规交通网络图示

常规交通网络分析法（Conventional Transport Network Graph）是三种网络图示分析法中出现最早，也是最为普遍使用一种网络拓扑结构图示法，它主要被应用于交通工程分析领域。常规交通网络分析法将网络直接转化为点线图示，网络中的连接路径就成为图示中的线，而节点（如路径交会点，或城市）则成为图示中的点。之后研究者便可以利用图论中的各种理论来分析网络的结构或者获得其中一些特性，例如连接性。

一般来说，图论分析是以点代表主要元素，而线代表这些元素之间的关系，是图示中的次要因素。在交通运输网络图示（图5.1）中，主要的元素就是网络中的各个节点（城市、交通枢纽），而线则表示运动流通的路径。通过这种图示方法，就可以对节点进行研究，并区分出节点的等级。

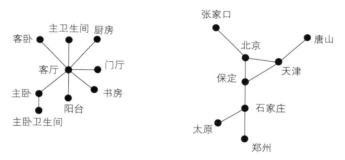

图5.1　不同类型网络的点线图示

这种描述方式适用于对航空网，铁路、公路网等低分辨率网络的分析，网络中各顶点或者是运动路径的终点，或者是运动中转的枢纽 [图5.2（a）]。同时这种方式也适用于小尺度的步行路径，这些路径遵循特定的轨迹在各顶点之间进行直接连接 [图5.2（c）]。在这些情况下，节点是研究中的核心，而表达运动的连线，则并不具有特定的含义。

然而这种常规点线图示方法对于分析那些以路径本身作为主要关注对象的网络系统并不十分有效。例如在街道网络中，最为核心的研究对象是那些不同类型的路径，而道路交会点则一般被视为路径交会或交叉所形成的附加产物。在街道网络中，运动流不仅是到达节点终止或者在节点转向，还会出现穿越节点的情况。若将道路系统简单地表示为点线图示 [图 5.2（b）]，则无法从本质上识别这种运动流情况。

（a）轴辐式空运网络：基于节点的等级体系

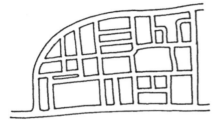 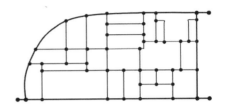

（b）街道网络：路径持续通过节点产生基于路径的等级体系

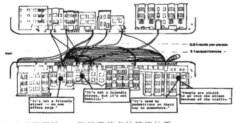 

（c）步行网络：一种基于节点的等级体系

图 5.2 不同尺度的交通网络

（资料来源：Steven Marshall. Streets & Patterns[M]. New York：Spon Press，2005：110.）

　　例如两种截然不同的城市布局在传统的图论表示法中可以呈现出完全相同的拓扑关系（图 5.3）。这说明在城市空间形态研究中，常规的图论描述法不能很好地识别出城市规划师和设计师最为关注的那些网络结构类型。

 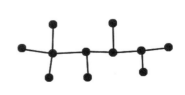

（a）"城市主街"　　　　　（b）支流形路网　　　　　（c）二者共同的结构图示

图 5.3 同一个图示结构的两种街道布局图

二、轴线图示法

轴线图示法（Axial map）是空间句法理论对城市街道网络进行结构分析时所使用的一种拓扑性图示方法，该理论由英国伦敦大学学院比尔·希利尔（Bill Hillier）及其同事于 20 世纪 80 年代提出。❶ 空间句法中的轴线就是彼此相交并穿越整个空间系统的最少和最长的几条视线，它代表了空间网络中的"连接"。句法理论明确地指出一个网络中的连接元素自身的形态对整体系统具有重要意义。例如，在一栋建筑的内部，与单纯起到连接作用的结构元素（比如房屋出入口以及房间之间的门洞）相比，走廊除了具有连接功能之外，还具有明确的空间延伸性，因此在研究建筑平面形态时，二者的空间特征差异不应被忽视。而在城市环境中，尤其是在那些传统城市街道网络中，街道本身就是一种重要的空间实体。

轴线图示中这些轴线反映了边界空间（bounded space，具有边界、非扩散化的空间）的几何特性（图 5.4）。空间句法分析的基本原理可以归结为对轴线（与运动流线或实体路径具有一定关联）进行识别，并将这些轴线转化为点线图示中的顶点，而轴线的交叉点则变成边线。通过这种转化创造出一种隐含着网络结构的点线图示结构。这个结构也可以用传统的图论方法分析，但是点线图中最重要的元素表达的是运动流线（图 5.5）。

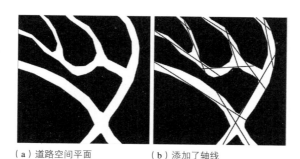

（a）道路空间平面　　　　　　（b）添加了轴线

图 5.4　通过轴线系统表达的空间结构

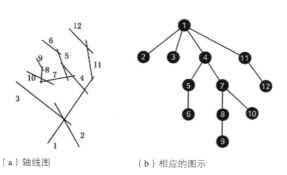

（a）轴线图　　　　　　（b）相应的图示

图 5.5　将轴线图转变点线图示

---

❶　Bill Hillier，Julienne Hanson. The social Logic of space. Cambridge：Cambridge University Press，1984. & Hillier B. Cities as movement economies. Urban Design International，1996，1（1）: 41-60.

　　由于轴线可以连续通过多个交叉口，因此每一条轴线都具有一个连接性值，该值与沿轴线分布的交叉口数量相关联。这与那些直接应用于交通网络分析的常规图论描述法形成对照，在常规方法中链接将终止于顶点（道路交会点）。

　　轴线图示揭示了城市街道网络结构中一些极为重要的深层次内容。例如，希尔及其同事通过对比成功的传统住区与功能欠佳的半传统住区的结构特性，展示了住区的成败是如何与布局结构密切关联的，而与建筑风格却并无瓜葛。这一结论在新都市主义理论中也可找到印证。新都市主义提出不仅要重视建筑的形式，更需要清晰地捕捉城市发展的空间结构。❶

　　轴线图示法与此前提到的常规图论网络分析法的区别在于它关注于网络中的线性元素。轴线图示所描述的城市道路网络的特性，是其他一些基于点线图示分析方法难以表达的。如果我们回过头再看一下两个小型网络的例子，就不难发现轴线图示可以明确的区分出不同的结构（图5.6）。

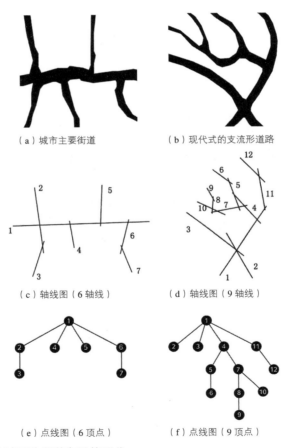

（a）城市主要街道　　　　　　　（b）现代式的支流形道路

（c）轴线图（6轴线）　　　　　　（d）轴线图（9轴线）

（e）点线图（6顶点）　　　　　　（f）点线图（9顶点）

图5.6　通过空间句法对两种街道布局的区分

❶ Hillier B，Penn A，Hanson J，et al. Natural movement：or，configuration and attraction in urban pedestrian movement. Environment and Planning B，1993，20（1）：29-66.

需要注意的是，轴线图示是否能有效地表达运动流结构，取决于视觉轴线和运动流线的吻合程度。在传统街道格网的边界空间中，两者能够很好地吻合。但是它在现代的开放式的平面布局中，由于道路边界不再起到对人们视线的限定作用，这一方法有效性相应降低。同时轴线图示也无法对交通工具的运动进行预测，因为这种运动方式不仅与驾驶者的视觉可见性有关，更主要的影响因素是道路和通道作为路径的连续性。

尽管存在着上述应用局限性，但轴线图示法的构建原理使其极其适合作为一种城市街道系统认知分析工具，对人们头脑中复杂空间形态的拓扑结构特征进行再现。目前空间句法理论以及相应的轴线网络图示方法在空间研究中的作用已经逐渐被城市研究者以及设计师所认识，并被越来越多的运用于建筑内部以及城市的空间结构分析中。

三、路径结构图示

路径结构图示（Route Structure Graph）是由英国伦敦大学学院斯蒂芬·马绍尔（Stephen Marshall）提出的一种基于运动路径的网络拓扑图示分析法。与空间句法相类似，路径结构分析的核心对象也是网络中的线性空间以及空间中的运动流，而非节点元素，但有所区别的是，路径结构构建拓扑网络并进行分析的基本元素是路径。

路径结构分析中路径的定义可具体描述为如下规则：

路径结构图示可由常规点线图示演化而成。路径即为点线图示中一系列线的集合，线相互连接形成路径的点可被称为连接点。每一个连接点都会有一条路径穿过，该路径由两条线汇合而成。因此，在每一个连接点上线的数量将会比路径数多1；在整个网络系统中，线数量比路径数量多出的即为连接点的数量。以上说明了路径，线和连接点的重要关系（图5.7）。

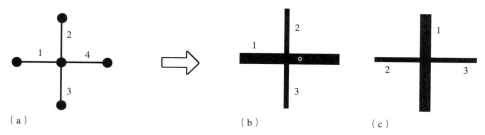

（a）　　　　　　　　　　　　　　（b）　　　　　　　　（c）

图5.7　一条路径由一条连接或多条连接线性组合形成（一个连接点上有且仅有一条路径穿越。结构中每增加一个连接点路径数目便会从连接基数中减少1，即路径数 = 连接数—连接点数）

根据以上规则，一条路径则为一个线性元素，通过连接点一条路径与其他路径间保持了连续性。路径和点线图示中的线是不同的，线仅是从一个节点延伸至另一个节点，但路径可以根据连续性的情况穿越节点，因此路径具有不同的长度，并可以此区分不同路径的类型，或对路径类型加以识别。

在由点线图示重构形成路径结构图示的过程中，由哪些连线连接构成穿越路径是有选择性的。而这种选择性将会影响最终路径描述的结构特性。对应于一个特定的点线图示并非只有唯一正确的路径结构表达。例如，图 5.7（a）的点线图示，即可以表示为图 5.7（b）所呈现的路径形式，也可以表示成图 5.7（c）所呈现的路径形式。因此在将点线图示向路径结构图示转化过程中，必须参考街道平面的原始信息进行路径连续性的判断。

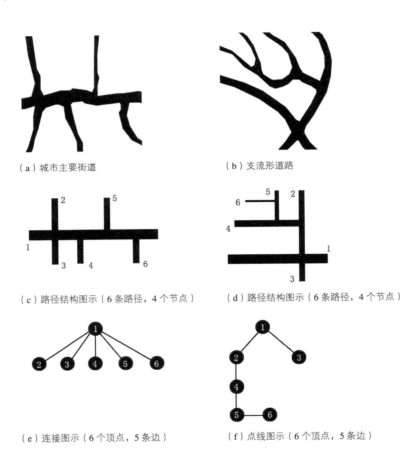

图 5.8　两个不同街道布局的路径结构分析

在路径结构分析中，之所以将线集合成路径为了表达出经过交汇点的最具连续性的运动通道，因此马绍尔根据这一基本概念提出判断路径连续性的三条依据。

①如果存在一个已设定的路径等级体系，那么该等级体系可被用于从街道平面生成路径。从而在任何一个交汇点上，一条路径可以由两条具有相同路径等级设定的路段组成。

②如果使用原则①未能解决路径结构组织问题，那么也可利用实际情况下的连接点优先顺序进行判断。也就是在任一连接点上，如果有一条路径具有优先权，那么该路径即可被认定为通过此连接点的穿越路径。

③若依据原则①或②仍未能有效判断，也可借助道路实体排列的连续性对穿越

型路径进行选择。与借助场地环境经验生成路径相比，这种方法对仅基于平面确定路径更为有效。至于其他确定穿越型路径的方法，亦可参考街道名称的连续性，或道路承载交通流模式（如机动车路径和步行路径的差异）等因素进行判断。

图 5.8 显示了此前提到的一组街道布局，而此次利用路径结构分析法对它们进行了分析。（e）和（f）两图是基于路径结构图示生成的点线图示，显而易见的是不论对两个图示如何进行扭曲变形，它们的结构都不相同。正是通过这种差异性，让人们认识到路径的连续性，从而可以建立起正确的路径结构，将人们对于街道形态重要特性的直觉认知转化为一种有效的表达方式，并对其进行分析。

常规交通网络图示、轴线图示以及路径结构图示三种街道网络拓扑形态图示方法分别侧重于对不同拓扑形态对象进行描述，并有各自不同的适用范围。常规交通图示适用于宏观尺度网络对象分析，主要针对公路、铁路、航空以及其他交通运输网络进行研究；而空间句法的轴线图示法与路径结构图示则都是针对城市街道网络尺度建立起来的拓扑描述方法，其中轴线图示直接建立与人的空间认知图示，尤其适用于边界空间和街道的分析，路径结构分析则适用于物理层面的街道和道路布局的分析。因此本书将主要采用后两种拓扑形态理论及其图示方法作为对城市街道空间形态特征进行描述和分析的工具，而相应对街道网络拓扑形态指标的定义也来自于上述两理论。

第二节　街道网络的拓扑形态指标

在前述三种空间网络拓扑表述体系中，由于基于图论的交通网络分析主要面向交通流的测算，因此本研究主要选取了轴线分析与路径结构分析中与形态特征相关指标构建起一个完整的网络拓扑形态特征描述框架。在这两种分析体系中，一些测算指标是共通的，如连接性、路径深度，而另一些形态指标则是独立的，如整合度、网络异质性等。尽管这两套分析方法本身的出发点是对城市空间性能进行测算，然而由于二者的某些指标与网络空间物质形态的相关性，综合应用相应指标所构建的描述框架能够对城市网络形态特征进行更全面的识别。

一、连接性（C）

无论在空间句法中，还是在路径结构分析中，连接性都是一种最基本的拓扑形态特性。连接性即为拓扑图示中一个给定的线性元素所连接的其他元素的数目。对于轴线图示而言，一条轴线的连接性就是与其相交轴线的条数。而对于路径结构图示而言，一条路径的连接性则表明了与该路径相连的路径数目（图 5.2）。拓扑形态分析中，连接性的公式可表达为（公式 5-1）：

$$C_i = k \qquad\qquad (5\text{-}1)$$

这里 k 是与第 i 个线性元素直接相连的其他元素数目。

二、深度（D）

在深度概念上，空间句法同路径结构分析之间有所差异。空间句法中所指深度是一种绝对深度概念，它表达了一条轴线距其他所有轴线的最短距离之和，该距离量度以拓扑邻接步数方式计量。与该轴线直接相交，计为步数 1，每多进行一次交接转换，则步数加 1。因此说一个轴线深度浅，则说明该轴线同其他轴线距离近；反之，则距离远。空间句法中，对于给定路径 i 其总深度为（公式 5-2）：

$$td = \sum_{j=1}^{k} d_{ij} \qquad\qquad (5\text{-}2)$$

其中 k 为该网络中轴线总数。通过总深度度值可继续求得网络中路径 i 的平均深度为（公式 5-3）：

$$MD_i = \frac{td}{k-1} \qquad\qquad (5\text{-}3)$$

空间句法研究中，深度值并不是一个独立的形态变量，但它是计算网络整合度的一个关键性的中间变量。

路径结构分析中的深度指标是一种相对深度概念。研究首先需要在街道网络中选择一条路径作为基准路径，网络中所有路径的深度都是距该"基准"的距离。与空间句法相同，该距离以拓扑邻接步数进行衡量。一条路径与基准路径步距越远，路径深度越深；步距越近，深度越浅。路径结构分析将基准路径的深度值定为 1，直接与之相连的路径深度值为 2，以此类推。

根据这一深度指标定义可以看到，路径结构分析的结果同基准路径的选择直接相关。与路径构建一样，路径结构分析中需要对基准的选择进行判断。马绍尔指出："该基准的选定应反映出本地网络在接入更大范围网络过程中的总体性结构（例如同区域道路或国家级道路的连接）。对于基准的选择与最初对于分析网络的选择同样需要仔细与谨慎——首先大多数的城市网络也便是从国家级路网中挑选出的子网络。此外在横向比较各个网络时保持基准选择标准的一致性也是非常重要的。"❶

三、整合度（I）

整合度是空间句法理论独有的，同时也是最为核心的量化指标。相对于连接性值计量了一条轴线和与它直接相交的其他轴线的关系，整合度计量的是一条轴线同

---

❶ Stephen Marshall. Streets & Patterns[M]. New York：Spon Press，2005：121.

区域内更多轴线的关联关系。进一步说来，连接性描述了一个局部空间自身的连接能力，而整合度则代表了从更大的整体网络视角下，该空间的连通特性。空间句法理论将这种关系定义为一种与深度相关的空间不对称性，即系统中从特定轴线出发所获得的深度与系统理论最浅深度（系统中所有轴线都直接连接到初始轴线上）或者最深深度（所有轴线排列成线性连接）之间的比较关系。因此相对不对称性（Relative Asymmetry）的计算公式可表达为（公式 5-4）：

$$RA = \frac{Z(MD-1)}{k-2} \qquad (5-4)$$

根据该公式可知，RA 的值分布在 0 和 1 之间，低 RA 值表示从一条轴线出发网络系统更浅，该轴线更为整合；高 RA 值则表示该轴线整合性更弱。RA 值量度是一个相对概念，不同系统中线性元素数不同，则无法对其中轴线的 RA 值进行横向比较，因此空间句法引入了标准化 RA 参数——RRA（Real Relative Asymmetry）（公式 5-5）：

$$RRA = \frac{RA}{D_k} \qquad (5-5)$$

其中 $D_k = 2\left\{n\left[\log_2\left(\frac{k+2}{3} - 1\right) + 1\right]\right\} / [(k-1)(k-2)]$。通过利用 D 值对 RA 变量进行标准化，该量度在理论上消除了系统中元素数量的影响。经标准化之后的 RRA 值不再局限于 0 和 1 之间，也有可能出现大于 1 的情况。当 RRA 值明显小于 1 时（在 0.4 至 0.6 之间）则该轴线具有很高的整合度，如果 RRA 值趋近与 1 或者大于 1，则该轴线整合度低。在实际测算中，为使量度值同整合度特征具有同向变化，从而直观表达空间特征趋势，故整合度值取 RRA 值倒数，即（公式 5-6）：

$$I = \frac{1}{RRA} \qquad (5-6)$$

另外，根据所考虑轴线的步程情况，整合度还分为全局整合度（Global Integration）和局部整合度（Local Integration）。全局整合度为一条轴线同网络中所有其他轴线的关系，计量需遍布网络中所有线性要素。而局部整合度则是一条轴线同特定步程内轴线的关系。

四、连续性（ct）

连续性概念是路径结构分析（方法）中独立的概念，它同连接性、深度一起构成了该理论中最基础的路径拓扑结构特性。路径结构分析中，路径是由点线图示中的连接线转化构成，因此连续性即指构成一条路径的连接线的数量，它反映了一条路径连续穿过的交汇点的多少。

图 5.9 中路径 1 由 2 条连接线构成，因此其连续性值为 2。以此类推，路径 2 连续性为 3，而路径 4 连续性为 2。

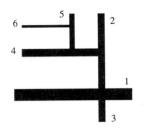

图 5.9　一个路径结构图示的网络连接性测算

五、拓扑异质性（H）

上述街道网络拓扑形态变量都描述了网络中个体空间单元的连接特性，而一个完整网络是由大量空间单元几何而成，因此网络集合中个体单元拓扑形态特征的差异性程度会导致网络整体拓扑结构的区别。例如将有机城市街道网络与人工规划的格网街网进行比较，不难发现有机城市街网不仅在几何特征上表现出不规则的形态特性，在拓扑连接上也同样具有更多变的结构特征。拓扑异质性指标同样来自于路径结构分析，作为辨别网络总体拓扑结构特性的参量，该指标描述的是网络拓扑结构在空间分布上的非均质程度，它所表达的也是真实网络环境的一种复杂特性。拓扑异质性是基于网络内所有路径的结构特征进行定义的，而网络中每条路径的拓扑结构特性都由连续性、连接性以及深度三个基础变量共同描述，因此网络拓扑异质性又可以被认为是网络中路径连续性、连接性、深度三个特征值不同权重组合的差异程度。每一种具有特定连续性、连接性、深度值组合的路径代表了一种独立的路径拓扑形态类型，而一个街道网络所拥有的不同路径类型越多——相对于路径总数而言——则该网络更加不规则，或者说更加复杂。

网络拓扑结构异质性指标由三个相关的描述参量共同构成——规则性、递归性和异质性。

网络规则性和不规则性是一对互补的参量，不规则性特征可以计量为路网路径不同类型数与路径总数的比值，同时规则性值则被定义为不规则性值的余数，例如规则性值与不规则性值总和为 1。因此不规则性与规则性可分别表达为（公式 5-7、公式 5-8）：

$$（不规则性）ir = \frac{T}{K} \tag{5-7}$$

$$（规则性）r = 1 - \frac{T}{K} \tag{5-8}$$

其中 T 为网络中不同路径类型数，K 为网络路径总数。

街道网络结构还会出现一种特殊的拓扑形态，就是递归形态，或者称为自相似形态。具有递归形态的网络在微观尺度与宏观尺度会出现同构特征，即具有相似的拓扑连接特征。严格递归形态网络中的路径的连续性特征值与连接性特征值都是相同的，只有路径的深度会随宏观尺度网络向微观尺度网络进入的过程中逐层递增。

因此这种递归网络是区分于规则与不规则网络的另一种网络状态，其路径由于深度因素而呈现出空间非对称性。因此路径结构分析中将深度值与路径总数的比值（这里的深度值即为路网的最大深度）定义为网络递归性特征值，递归性网络最大深度值同路径总数相等，递归性值为 1，其他网络递归性值在 0 到 1 之间分布。网络递归性参量公式如下（公式 5-9）：

$$rec = \frac{D_{max}}{K}$$

（5-9）

D_{max} 表示网络最大深度。

最后网络的拓扑结构异质性被定义为网络所有路径中由非深度因素所产生的独立路径类型所占的比例——即路径类型。异质性参量公式表达为（公式 5-10）：

$$Het = \frac{T - D_{max}}{K}$$

（5-10）

根据上述规则性、递归性和异质性计算公式可得，三值总和为 1。三个特征值相互联系，彼此相互制约。图 5.10 从左至右依次展示了纯粹的规则性网络、递归性网络以及异质性网络。借助于以上参量计算公式可得三网络异质性特征值分别为 a（0.8，0.2，0）、b（0，1，0）、c（0，0.36，0.64），从而得以有效区分三者结构拓扑分布异质性特征。

（a）规则性　　　　　　　　（b）递归性　　　　　　　　（c）异质性

图 5.10　三种具有不同特性的网络

（资料来源：Steven Marshall, Streets & Patterns[M]. New York: Spon Press, 2005. 147）

第三节　拓扑形态指标描述工具

在定义了以上网络拓扑结构形态描述指标之后，研究将进一步探讨对这些形态指标进行定量描述的方法。与第三章几何形态研究方法相类似，本章首先以三个简化的拓扑网络模型作为分析样本，用以说明如何将量化描述工具应用于网络系统中。三个网络案例分别代表了三种典型化网络类型状态，图 5.11（a）是一种纯粹的分支型路网结构，道路系统不断细分，不形成回路；图5.11（c）则是一种纯粹的格网型路网结构，系统中几乎不存在尽端的道路分支；图5.11（b）表达了一种（a）、（c）类型混合的复杂状态，网络中既存在回路，同时也存在尽端道路分支。基于空间句法以及路径结构分析的研究工具将从不同角度对这三个网络模型特性进行识别。

（a）分支型　　　　　　　（b）混合型　　　　　　　（c）格网型

图 5.11　通过三种网络类型对不同的路径类型的差异进行诠释

一、基于空间句法分析的网络整合度图表（I-Gram）

对三个网络进行空间句法分析，首先需要在各网络街道空间内绘制视觉轴线。轴线绘制标准如前文所述——轴线彼此相交，且以最长和最少数量的视觉轴线贯穿整个网络。依据轴线绘制的顺序，为各网络中每条轴线赋予唯一的 ID 编号（图 5.12）。依据前文所提供的计量公式对网络中各条轴线的连接性（C）、整合度（I）值逐一计算，其中对于网络轴线整合度的计量分为全局整合度与局部整合度两次进行。本研究中，局部整合度计量半径统一设置为 3，对网络轴线进行 3 步以内整合度测算。对于三个网络模型 a、b、c 的测算结果列于表 5.1 中。

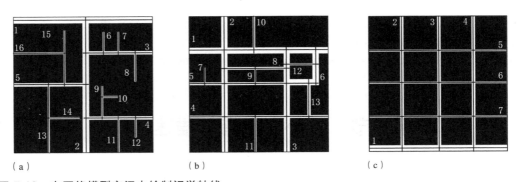

（a）　　　　　　　　　　（b）　　　　　　　　　　（c）

图 5.12　在网络模型空间内绘制视觉轴线

将三个网络模型的连接性及整合度均值作为网络拓扑结构特征值，通过横向比较可以发现，格网状连接的网络（c）具有最高的连接性和整合度值，网络整体空间通达性最强；分支型路网（a）则具有最低的连接性和整合度值，因此网络整体空间通达性最弱；作为混合路网（b），其网络整体空间通达性介于（a）、（c）之间。

拓扑网络模型空间句法测算数据统计　　　　　　　　　表5.1

（a）分支型				（b）混合型				（c）格网型			
ID	连接性	全局整合度	局部整合度（R=3）	ID	连接性	全局整合度	局部整合度（R=3）	ID	连接性	全局整合度	局部整合度（R=3）
1	1	0.941	0.957109	1	4	1.515	1.51542	1	3	1.698	1.69825
2	4	1.882	1.88281	2	4	2.020	2.02056	2	4	2.547	2.54737
3	4	1.198	1.39885	3	5	2.597	2.59787	3	4	2.547	2.54737
4	4	1.317	1.48647	4	4	1.515	1.51542	4	4	2.547	2.54737
5	3	1.317	1.38456	5	6	2.273	2.27313	5	3	1.698	1.69825
6	1	0.732	0.766192	6	3	1.398	1.56687	6	3	1.698	1.69825
7	1	0.732	0.766192	7	1	0.957	1.02079	7	3	1.698	1.69825
8	1	0.732	0.766192	8	3	1.298	1.29893				
9	2	0.823	0.98558	9	2	1.069	1.20639				
10	1	0.573	0.498604	10	1	0.790	0.806384				
11	1	0.775	0.806384	11	1	0.790	0.806384				
12	1	0.775	0.806384	12	2	1.136	1.13657				
13	2	0.823	0.887022	13	2	1.212	1.30573				
14	1	0.573	0.422392								
15	2	0.823	0.887022								
16	1	0.573	0.422392								
均值		0.912	0.9452596		2.9	1.429	1.466957		3.4	2.062	2.0621585

可将各网络的全局整合度与局部整合度投影于二维图表之中，该图表被称为"网络整合度图表"，它描述了各网络整合度特性分布状态，并可对不同网络的整合度特性进行量化比较（图5.13）。同时对图表中全局以及局部整合度数据集进行回归分析，获得它们之间的相关度 R-square 值，该值代表了网络局部同整体之间的关联关系，空间句法理论中将其称为网络的可理解度（Intelligence）。高可理解度的网络局部与整体之间具有同构特性，局部整合度高，全局整合度也高，局部整合度低，全局整合度相应也低。这样通过对网络某一局部视觉信息的认知，就可以对网络整体空间结构进行推断。反之低理解度网络局部与整体整合度特性之间无明显相关关系，人们难以通过局部的视觉信息把握网络整体空间构成。简单地说，可理解度就是在城市网络中人们能看见的区域同看不见区域之间拓扑形态上的关系。希利尔曾这样论述可理解度概念："可理解度这一特性意味着我们从一个空间所能看见的（既有多少连接的空间）在多大程度上能够成为我们所不能看见的（即空间的整合）有益的指引。对于缺乏可理解度

的系统，有着许多连接的空间往往不能很好的整合到整个系统中去，因此依据这些可见的连接将误导我们对这一空间在整体系统中的地位的认知。" ❶

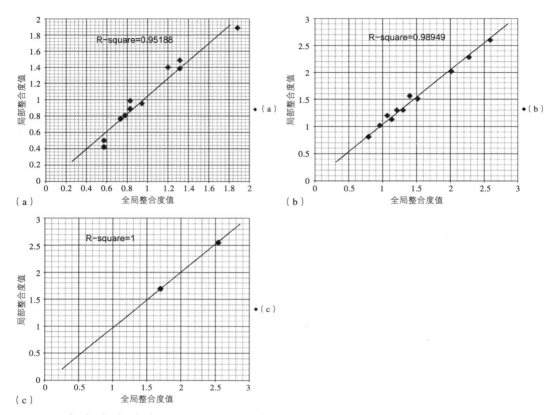

图 5.13 （a）、（b）、（c）三网络的整合度图表（三者可理解度值分别为 0.95、0.98、1）

由此可见，可理解度在人们的空间认知上起着关键的作用，它构成了网络拓扑结构形式投影到人脑认知图示的一种中介。

图 5.13 显示了（a）、（b）、（c）三个网络的整合度图表及各自的可理解度值（R-square）。可以看到，具有格网结构的网络（c），其网络可理解度达到最高值 1，即局部网络同整体网络完全同构，事实上这也体现出格网结构的一种典型构成特性；支流网络（a）可理解度在三个网络中最低，局部与整体构成差异性最大；混合网络（b）可理解度则介于网络（a）、（b）之间。

事实上由于（a）、（b）、（c）三个网络均为简化的网络局部模型，网络拓扑结构相对简单，因此局部信息和整体信息是相对一致的，可以看到三个网络的可理解度均比较高（接近于 1）。而在本章之后对于真实网络样本以及下一章城市案例分析中，通过网络可理解性值将会看到更为复杂的网络构成变化。

二、基于路径结构图示的网络异质性图表（Het-Gram）

在对网络模型进行路径结构分析时，首先将网络模型转化为拓扑性的拓扑结构图示，并为各路径赋予 ID 编号，可以看到三个网络都具有相同的路径总数（16 条）（图5.14）。a、b、c 三个网络的基本路径结构特征值（连续性、连接性、深度）经计量后列于表 5.2。通过表中特征均值计算可得，三个网络的连接性关系同轴线网络计量结果相同，格网路网（c）具有最高的连接性，而分支路网（a）连接性最低；另外混合路网（b）与格网路网（c）平均网络深度相同，并低于分支型路网（a）；而在路径连续性方面，混合型路网连续性最高，分支型路网次之，格网路网连续性最低。此外对各网络基础路径特征值分析还可以发现，分支型路网 a 具有 7 种独立的路径类型，"混合型"布局 b 具有 12 个独立的路径类型，而格网布局 c 则仅有 4 种独立的类型（所谓一种独立路径类型是指该类型路径具有唯一的连续性值、连接性值以及路径深度值组合方式）。因此可计算支流路网 a 的不规则性值为 7/16=0.4375，规则性值为（1-0.4375）= 0.5625；"混合"路网 b 具有最高的不规则性值 0.75，而其规则性值最低，为 0.25；格网路网 c 最为规则化，不规则性值为 0.25，规则性值为 0.75。

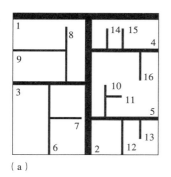
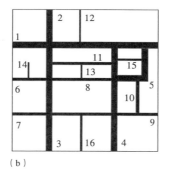

（a） （b） （c）

图 5.14 将网络模型转化为路径结构图示

拓扑网络模型路径结构测算数据统计　　　　　　　　　　　　　　表 5.2

（a）分支型				（b）混合型				（c）格网型			
ID	连续性	连接性	深度	ID	连续性	连接性	深度	ID	连续性	连接性	深度
1	2	1	1	1	5	5	1	1	4	3	1
2	4	4	2	2	1	1	2	2	4	7	2
3	3	3	3	3	3	5	2	3	4	7	2
4	4	4	3	4	5	7	2	4	4	7	2
5	4	4	3	5	3	5	2	5	1	2	3
6	2	2	4	6	2	2	3	6	1	4	3
7	1	1	5	7	3	4	3	7	1	4	3

（a）分支型				（b）混合型				（c）格网型			
ID	连续性	连接性	深度	ID	连续性	连接性	深度	ID	连续性	连接性	深度
8	2	2	4	8	2	5	2	8	1	2	3
9	1	1	5	9	2	3	3	9	1	2	3
10	2	2	4	10	1	2	3	10	1	4	3
11	1	1	5	11	2	3	3	11	1	4	3
12	1	1	4	12	1	1	2	12	1	2	3
13	1	1	4	13	1	2	4	13	1	2	3
14	1	1	4	14	1	1	4	14	1	4	3
15	1	1	4	15	1	2	3	15	1	4	3
16	1	1	4	16	1	1	4	16	1	2	3

同时根据路径结构分析对于网络递归性与复杂性值定义，还可以分别求得路网 a 递归性值为（5/16）= 0.3125，复杂性值为 [（7–5）/16]= 0.125；路网 b 递归性值为（4/16）= 0.25，复杂性值为 [（12–4）/16] = 0.5；路网 c 递归性值为（3/16）= 0.1875，复杂性值为 [（4–3）/16] = 0.0625。

基于路径结构分析方法，对任一网络而言，其规则性值（r）、递归性值（rec）与复杂性值（CX）之和均为 1，因此可以建立起一个三角形图表，将网络三项异质性特征值标注于图表中，从而描述网络异质性特征。该图表被称为异质性图表（Hetgram）（图 5.15）。❶

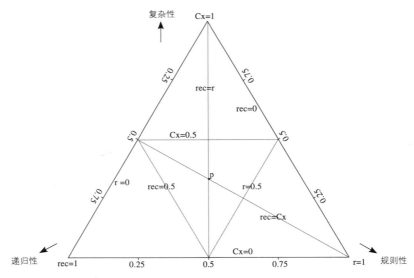

图 5.15 异质性图表

❶ Stephen Marshall. Streets & Patterns[M]. New York：Spon Press，2005.

异质性图表绘制为正三角形图形，图表中每一个标注点都表示了唯一一种异质性网络类型。三角形三个顶点分别代表复杂性（CX）（上方顶点）、递归性（rec）（左下方顶点）和规则性（r）（右下方顶点），每个顶点上其所代表的异质性参数值为 1。三角图示各边长度值均为 1，每边刻度值范围在 0-1 之间。rec-r 边（底边）刻度值代表 r 值，rec 顶点为 r 值原点，自左向右从 0 到 1 标注，从 rec-r 边任一点 x 绘制与 CX-rec 边平行直线，该平行线上点与 x 同 r 值。以此方式逆时针类推，r-CX 边（右斜边）刻度代表 CX 值，CX 值从 r 点开始从 0 至 1 读取，从 r-CX 边任一点 y 绘制与 rec-r 边平行直线，该平行线上点与 y 同 CX 值；同理，CX-rec 边标注了 rec 值，且自该边线上任一点 z 绘制 rec-r 边平行线则表示了图表中与 z 点同 rec 值的所有点。根据上述制图原则，还可以在图表中绘制几条特定的辅助线和点 [如 rec=0.5 线、r=0.5 线、CX＝0.5 线、rec=CX 线、r=rec 线以及 P（1/3、1/3、1/3）点] 用以对图表中网络特征点进行标识与识别。

因此可以把网络模型（a）、（b）、（c）分别绘制于图表之中，从而对不同网络的综合异质特征进行识别和比较。相比于混合网络（b），分支网络（a）和格网（c）都更偏向于图表右下侧顶点，二者都是相对比较规则的网络拓扑类型，其中格网网络更可以看作是由同一构成单元阵列而成的均质网络（图 5.16）。混合网络（b）则呈现出明显的复杂特性，各个局部之间均可以看到差异性。三个网络中，分支路网（a）的递归性最强，这种类型路网就如同树叶的叶脉一样，随着层级的不断细分，不同层级之间存在着拓扑结构自相似性。

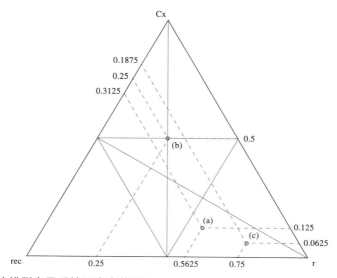

图 5.16　三个网络模型在异质性图表中的图示

通过对三个简化的网络模型进行分析可以看到，利用网络异质性图表三轴表示法，可以将一个网络的三个异质性特征参量同时进行描述。因此根据网络异质性特征点在图表中的分布位置可以对其整体拓扑形态特征进行判断,并在不同网络之间进行直观比较。

第四节　网络样本拓扑特征研究

在对空间句法整合度分析以及路径结构网络异质性分析这两种网络拓扑结构分析方法进行解析之后,研究进一步将上述方法应用于 12 个真实的局部网络样本之中。这些网络都曾在第三章网络几何形态研究中出现,而本章将对这些不同类型网络所表现出的拓扑形态特征进行深入探讨。

第三章中曾从几何学的角度对 12 个网络样本所从属的四种城市网络类型进行了形态特征差异性的描述,本章将通过拓扑学的视角对这些城市网络类型的结构构成特性加以区分。

从拓扑角度来看,A 类型城市历史核心区街道网络普遍具有混合型的结构特性,其中既存在回路也存在分支尽端道路;B 类型格网形态的传统城市拓展区则以十字形道路交接为主,格网状布局形成大量回路,并较少出现尽端道路和多层次分支,路径长而连续;C 类型外围城区以及新城网络布局与城市历史街区相类似,也是一种混合性的路网类型,网络由回路和分支尽端道路共同构成;D 类型郊区住宅区网络则以分支路径或者连接于大回路上的分支路径形式构成,网络呈现多层级的树形细分。表 5.3 具体对比了这四种类型街道网络在几何形态特性与拓扑形态特性方面所表现出的差异性。

4 种城市网络类型的几何特征与拓扑特征对比描述　　　　表 5.3

类型	几何形态特性	拓扑形态特性
A 类型　城市历史核心区街网	非规则网络形态,街网尺度精细,相交街道间夹角不固定,街道大多短而曲折,道路断面宽度差别较大	多种结构特性的复杂混合体,网络存在回路,同时也具有一些尽端道路
B 类型　格网型传统城市拓展区	规则、正交,相似街块单元矩阵排列,街道宽度保持一致	以格网和十字交叉节点为主,网络内部存在大量回路可能性,很少出现尽端型道路
C 类型　外围城区或者新城网络	规则和非规则形式的混合,街道一般具有一致性的宽度;街道交汇处一般为正交接接	多种结构特性的复杂混合体,网络存在回路,同时也具有一些尽端道路
D 类型　城市郊区住宅网络	具有一致性的道路断面尺度,道路多为曲线形式,交汇处同样为正交接接	回路道路上带有分支路径,构成树形结构,存在大量尽端道路,网络内部存在明确的等级体系

　　在了解以上不同类型网络的直观拓扑结构特征之后，研究将进一步利用空间句法以及路径结构分析工具对 12 个网络样本进行定量描述，从而对其特征加以精确识别。

一、网络样本拓扑形态特性指标

　　以下通过图形和表格的形式对各个网络样本的拓扑形态指标逐一进行统计。其中图示内容分别显示了各网络空间句法测算全局整合度与局部整合度值分布图表以及路径结构异质性图表。表格则列出了各网络重要的拓扑计量指标。

　　A 类型

　　雅典内城（图 5.17、表 5.4）

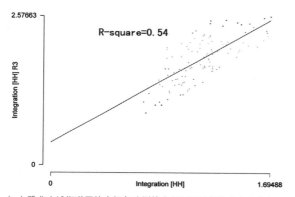

（a）雅典内城街道网络空间句法测算全局以及局部整合度值分布图示　　　　　　（b）路径结构异质性图表

图 5.17

雅典内城街道网络拓扑形态特征值统计　　　　　　　　表 5.4

空间句法测算特征值		路径结构分析网络异质性特征值	
连接性（值域）	1～10	递归性值	0.09
连接性（均值）	4.16	规则性值	0.53
全局整合度（值域）	0.71～1.69	复杂性值	0.38
全局整合度（均值）	1.15		
局部整合度（值域）	0.91～2.58		
局部整合度（均值）	1.83		
可理解度（R-square）	0.54		

威尼斯（图 5.18、表 5.5）

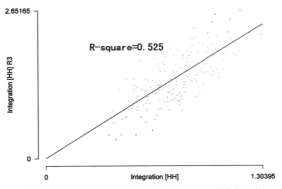

（a）威尼斯街道网络空间句法测算全局以及局部整合度值分布图示　　　　（b）路径结构异质性图表

图 5.18

威尼斯街道网络拓扑形态特征值统计　　　　表 5.5

空间句法测算特征值		路径结构分析网络异质性特征值	
连接性（值域）	1 ~ 17	递归性值	0.08
连接性（均值）	3.05	规则性值	0.51
全局整合度（值域）	0.38 ~ 1.3	复杂性值	0.41
全局整合度（均值）	0.79		
局部整合度（值域）	0.33 ~ 2.65		
局部整合度（均值）	1.45		
可理解度（R-square）	0.525		

突尼斯麦地那（图 5.19，表 5.6）

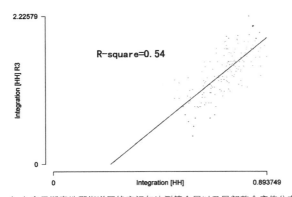
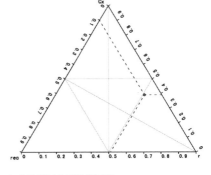

（a）突尼斯麦地那街道网络空间句法测算全局以及局部整合度值分布　　　　（b）路径结构异质性图表

图 5.19

突尼斯麦地那街道网络拓扑形态特征值统计　　　表 5.6

空间句法测算特征值		路径结构分析网络异质性特征值	
连接性（值域）	1 ~ 7	递归性值	0.1
连接性（均值）	3.08	规则性值	0.51
全局整合度（值域）	0.5 ~ 0.89	复杂性值	0.39
全局整合度（均值）	0.72		
局部整合度（值域）	0.42 ~ 2.23		
局部整合度（均值）	1.39		
可理解度（R-square）	0.54		

B 类型

格拉斯哥格网（图 5.20、表 5.7）

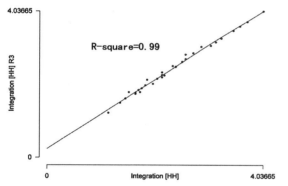

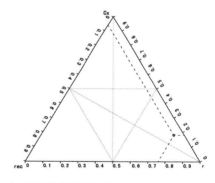

（a）格拉斯哥格网街道网络空间句法测算全局以及局部整合度值分布图示　　（b）路径结构异质性图表

图 5.20

格拉斯哥格网街道网络拓扑形态特征值统计　　　表 5.7

空间句法测算特征值		路径结构分析网络异质性特征值	
连接性（值域）	2 ~ 14	递归性值	0.06
连接性（均值）	6.7	规则性值	0.76
全局整合度（值域）	1.15 ~ 4.04	复杂性值	0.18
全局整合度（均值）	2.4		
局部整合度（值域）	1.22 ~ 4.04		
局部整合度（均值）	2.49		
可理解度（R-square）	0.99		

雷克雅未克中心（图 5.21、表 5.8）

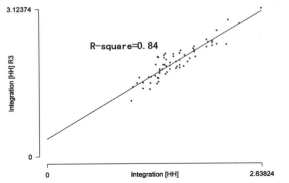

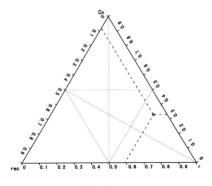

（a）雷克雅未克中心街道网络空间句法测算全局以及局部整合度值分布图示　　（b）路径结构异质性图表

图 5.21

雷克雅未克中心街道网络拓扑形态特征值统计　　　表 5.8

空间句法测算特征值		路径结构分析网络异质性特征值	
连接性（值域）	1 ~ 17	递归性值	0.08
连接性（均值）	5.33	规则性值	0.59
全局整合度（值域）	1.04 ~ 2.64	复杂性值	0.33
全局整合度（均值）	1.59		
局部整合度（值域）	1.18 ~ 3.12		
局部整合度（均值）	2		
可理解度（R-square）	0.84		

格拉斯哥南区（图 5.22、表 5.9）

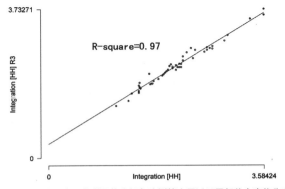

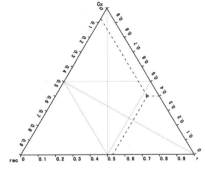

（a）格拉斯哥南区街道网络空间句法测算全局以及局部整合度值分布图示　　（b）路径结构异质性图表

图 5.22

格拉斯哥南区街道网络拓扑形态特征值统计 表 5.9

空间句法测算特征值		路径结构分析网络异质性特征值	
连接性（值域）	2 ~ 15	递归性值	0.07
连接性（均值）	5.88	规则性值	0.53
全局整合度（值域）	1.13 ~ 3.58	复杂性值	0.4
全局整合度（均值）	2.13		
局部整合度（值域）	1.3 ~ 3.73		
局部整合度（均值）	2.3		
可理解度（R-square）	0.97		

C 类型

贝斯沃特（图 5.23、表 5.10）

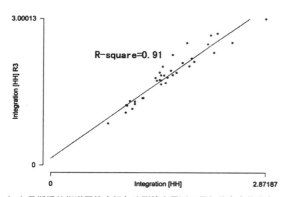

（a）贝斯沃特街道网络空间句法测算全局以及局部整合度值分布图示　　　（b）路径结构异质性图表

图 5.23

贝斯沃特街道网络拓扑形态特征值统计 表 5.10

空间句法测算特征值		路径结构分析网络异质性特征值	
连接性（值域）	1 ~ 10	递归性值	0.15
连接性（均值）	4.26	规则性值	0.26
全局整合度（值域）	0.77 ~ 2.87	复杂性值	0.59
全局整合度（均值）	1.57		
局部整合度（值域）	0.85 ~ 3		
局部整合度（均值）	1.83		
可理解度（R-square）	0.91		

东芬奇利（图 5.24、表 5.11）

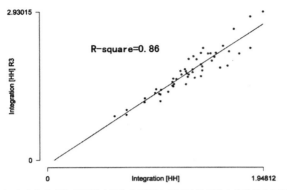
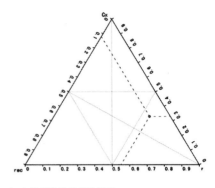

（a）东芬奇利街道网络空间句法测算全局以及局部整合度值分布图示 　（b）路径结构异质性图表

图 5.24

东芬奇利街道网络拓扑形态特征值统计　　　　　　　　　表 5.11

空间句法测算特征值		路径结构分析网络异质性特征值	
连接性（值域）	2 ~ 12	递归性值	0.12
连接性（均值）	3.61	规则性值	0.55
全局整合度（值域）	0.61 ~ 1.95	复杂性值	0.33
全局整合度（均值）	1.28		
局部整合度（值域）	0.86 ~ 2.93		
局部整合度（均值）	1.7		
可理解度（R-square）	0.86		

柯克沃尔（图 5.25、表 5.12）

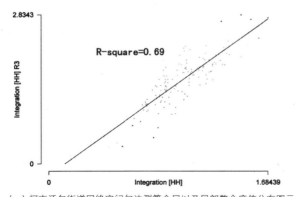

（a）柯克沃尔街道网络空间句法测算全局以及局部整合度值分布图示 　（b）路径结构异质性图表

图 5.25

柯克沃尔街道网络拓扑形态特征值统计　　　　　　　　　表 5.12

空间句法测算特征值		路径结构分析网络异质性特征值	
连接性（值域）	1 ~ 17	递归性值	0.14
连接性（均值）	3.46	规则性值	0.41
全局整合度（值域）	0.56 ~ 1.68	复杂性值	0.45
全局整合度（均值）	1.02		
局部整合度（值域）	0.33 ~ 2.83		
局部整合度（均值）	1.59		
可理解度（R-square）	0.69		

D 类型

雷克雅未克郊区路网（图 5.26、表 5.13）

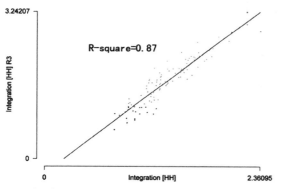 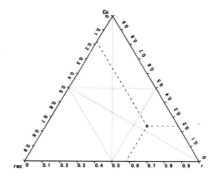

（a）雷克雅未克郊区街道网络空间句法测算全局以及局部整合度值分布图示　　（b）路径结构异质性图表

图 5.26

雷克雅未克郊区街道网络拓扑形态特征值统计　　　　　表 5.13

空间句法测算特征值		路径结构分析网络异质性特征值	
连接性（值域）	1 ~ 14	递归性值	0.18
连接性（均值）	3.09	规则性值	0.58
全局整合度（值域）	0.76 ~ 2.36	复杂性值	0.24
全局整合度（均值）	1.31		
局部整合度（值域）	0.64 ~ 3.24		
局部整合度（均值）	1.65		
可理解度（R-square）	0.87		

庞德伯里（图 5.27、表 5.14）

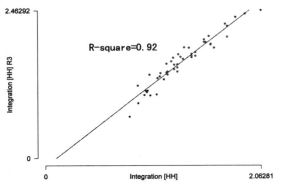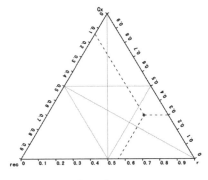

（a）庞德伯里街道网络空间句法测算全局以及局部整合度值分布图示　　　　（b）路径结构异质性图表

图 5.27

庞德伯里街道网络拓扑形态特征值统计　　　　　　表 5.14

空间句法测算特征值		路径结构分析网络异质性特征值	
连接性（值域）	1 ~ 9	递归性值	0.14
连接性（均值）	3.24	规则性值	0.56
全局整合度（值域）	0.81 ~ 2.06	复杂性值	0.3
全局整合度（均值）	1.3		
局部整合度（值域）	0.69 ~ 2.46		
局部整合度（均值）	1.6		
可理解度（R-square）	0.92		

西拉古纳（图 5.28、表 5.15）

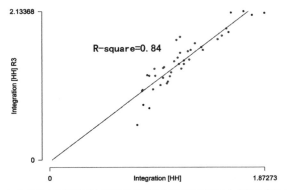

（a）西拉古纳街道网络空间句法测算全局以及局部整合度值分布图示　　　　（b）路径结构异质性图表

图 5.28

西拉古纳街道网络拓扑形态特征值统计　　　　　　　表 5.15

空间句法测算特征值		路径结构分析网络异质性特征值	
连接性（值域）	1～6	递归性值	0.17
连接性（均值）	2.76	规则性值	0.41
全局整合度（值域）	0.77～1.87	复杂性值	0.42
全局整合度（均值）	1.15		
局部整合度（值域）	0.5～2.13		
局部整合度（均值）	1.41		
可理解度（R-square）	0.84		

二、网络样本拓扑形态特性比较分析

表 5.16 对各网络主要拓扑形态参量指标进行了汇总，并利用网络整合度图表、可理解度图表以及网络异质性图表对这些量化指标进行图式，从而对不同类型网络样本的空间拓扑结构特性进行直观的识别和比较（图 5.29～图 5.31）。

12 个网络样本拓扑结构数据统计　　　　　　　　表 5.16

	全局整合度（均值）	局部整合度（均值）	R-square	递归性	规则性	异质性
雅典内城	1.15	1.83	0.54	0.09	0.53	0.38
威尼斯	0.79	1.45	0.525	0.08	0.51	0.41
突尼斯麦地那	0.72	1.39	0.54	0.1	0.51	0.39
格拉斯哥格网	2.4	2.49	0.99	0.06	0.76	0.18
雷克雅未克中心区	1.59	2	0.84	0.08	0.59	0.33
格拉斯哥南区	2.13	2.3	0.97	0.07	0.53	0.4
贝斯沃特	1.57	1.83	0.91	0.15	0.26	0.59
东芬奇利	1.28	1.74	0.86	0.12	0.55	0.33
柯克沃尔	1.02	1.59	0.69	0.14	0.41	0.45
雷克雅未克郊区路网	1.31	1.65	0.87	0.18	0.58	0.24
庞德伯里	1.3	1.6	0.92	0.14	0.56	0.3
西拉古纳	1.15	1.41	0.84	0.17	0.41	0.42

通过网络整合度图表可以发现，格网形式的城市布局设计（B 类型）普遍具有很高的整合度特征值，这种规划所得的网络以提供高效的交通循环功能为目标，长而连贯的道路以及大量的交通节点提供了网络中多种回路形式，保障了便捷的交通连接选择性。分支形态设计的城市郊区街网（D 类型）的整体连通性明显低于格网街网，这种路网系统中被引入明确的层次化的分支和回路，交通流选择需要在不同拓扑层级之间进行单向运行，因此这种网络形成的整体连通性较低，并多被应用于

住宅区域街道设计之中。C 类型网络是 B、D 两种类型网络特征的混合体，这种网络具有半分支半格网的特性，其内部等级关系划分相对模糊（次要道路与主路之间存在有直接的连通），因此通过整合度分析图也可以看到，C 类型网络的网络整合度值分布在 B、D 两种网络类型样本之间，具有中等水平的网络连通特性。在所有网络样本类型中，自然形成的有机城市网络样本（A 类型）的整合度值最低，任何一种人为规划而成的城市布局都提供了比自然城市复杂街道结构更高的空间拓扑连接特性。尽管在直观的网络拓扑形态判断之下，C 类型街道网络同传统的 A 类型街网具有相似的混合式的拓扑形态构成，但传统城市网络样本的整合度测算值仍然整体低于 C 类型现代城市网络样本。这表明在拓扑形态上，简单化的现代城市街道网络相比复杂多变的传统城市网络更适于交通流的到达和穿越，这也同实际的城市使用经验相吻合。

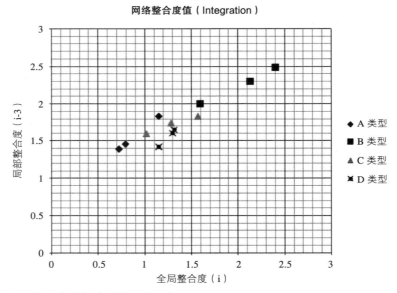

图 5.29 12 个网络样本的整合度特征值分析

图 5.30 显示了四种类型对 12 个网络样本的可理解度值统计，可以看到城市历史街区网络普遍可理解度较低，而格网形式街道布局类型则具有最高的可理解度，另外两种街道类型可理解度介于二者之间。历史城市街区以自然选择为主的漫长演化过程是其形成低理解度网络的主要因素，这些街区没有经过人为的统一规划，因而在局部所形成的拓扑结构特征并不会拓展至整个网络，因此对网络某一空间所获得的视觉信息对把握整体空间构成起不到帮助作用，因而这些网络自然而然形成了迷宫般的空间特质。与此相对应，格网街道布局则体现了最具强制性意志的一次性规划理念，网络中每一个局部都以几乎相同的形式原则构建，并最终形成一个更大的整体。以三个格网网络中最为典型的格拉斯哥格网为例，该网络可理解度趋近于

1（0.99），因此人们站在该街道网络中，对于局部空间的认知与对整体的认知是同步的，从一个或者很少的位置就可以推断出整个网络的结构形态。另外两种规划设计而成的街道网络类型 B、C 尽管不像格网街网一样具有完全同质化的拓扑结构形式，但其整体可理解度也明显高于城市历史街区。虽然在一些网络设计中，设计者希望通过一些形式手段为网络平面添加一些类似于传统城市的空间特质（如庞德伯里），但空间拓扑结构分析结果表明，人工与自然之间的差异还是明显的。蜿蜒曲折的街道形式并不能为网络带来与传统空间相似的结构形式，事实上一些看似复杂的街道布局，经过拓扑变形后，其空间结构仍是相对简单的。

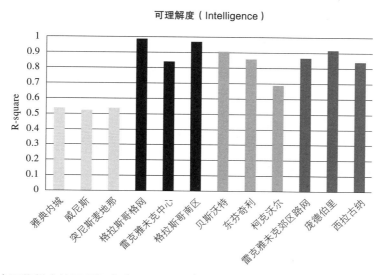

图 5.30　12 个网络样本的可理解度（R-square）值比较

研究最后通过异质性图表对 12 个网络样本进行路径结构异质性特征进行分析，该图显示出了真实网络结构在图表中分布的典型区域（图 5.31）。所有样本的特征点均分布在图表中的右侧区域，分布范围由复杂延伸至规则。四种路网类型中，历史核心街区与格网型街网都更靠近 Cx － r 边，而外围城区与郊区街网则相对偏离，这表明后两者相对而言具有更强的网络递归特性。但在这些真实城市环境中，网络的递归性参量都在 0.3 以下，极高的递归图形（rec=1）仅有可能出现在理论探讨之中。所有样本特征点中，以格拉斯哥格网为代表的格网类型网络样本分布于图表偏下区域，这些路网在拓扑构成方面都具有比较低的复杂性特征值。分支形态的 D 型网络样本总体复杂性程度略高于格网街网，而城市历史街区（A 类型）以及城市外围街网（C 类型）这两种混合结构的网络类型在图表中的分布则更靠近复杂性一端。混合模式的拓扑构成使这两类型网络具有更强的不规则特性。贝斯沃特是所有研究样本中最为复杂的街道布局。该布局由"规划"与"非规划"的网络片段混合组成，并在不同路径深度上涵盖了多样化的长短不一的街道，这使其表现出相对于历史街网更强的网络异质性特征。此外同之前所有测算一样，历史街区网络样本表现出了极强的特征聚集性。所有网络样本的特征点都集中分布在图表中相近的位置，尽管来自于完全不同的地区，但这些表面上毫无共性、复杂、并且难以被描述的网络布局再一次验证了在自然生长过程下形成的城市往往具有最为稳定的形态特性。

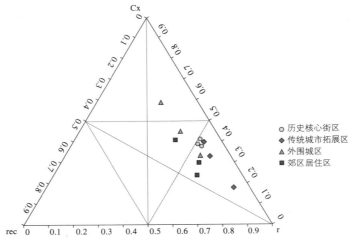

图 5.31　12 个网络样本网络路径结构异质性分析（Hetgram）

第五节　小结

　　本章集中探讨了对街道网络拓扑结构特征进行定量描述的技术和方法。研究引入了空间句法以及路径结构分析两种基于拓扑学图论的网络分析理论，两种理论提供了不同的空间分割方式（视觉轴线和路径），同时彼此之间的形态分析变量也互为补充。在网络分析过程中，空间句法理论定义的连接度、整合度、可理解度指标，以及路径结构分析所定义的三个拓扑形态异质性指标被结合使用，从而为街道网络拓扑形态分析建立起更为全面的分析框架。

　　对应于基于两种基本理论构建的分析框架，研究过程中也使用了两种独立的分析技术获取网络拓扑形态的定量指标。利用基于空间句法测算，可获得连接性、全局以及局部整合度、可理解度等网络拓扑形态指标；而通过路径结构分析以及异质性图表工具，可对网络路径的复杂性、规则性和递归性三个异质性指标定量计量并进行图示化。和第三章的研究模式相同，这两种分析技术都被应用于 4 种类型的 12 个真实城市环境下的局部网络样本之中，通过定量的方法比较分析不同类型网络所呈现出的拓扑结构特征。

　　无论在此前所进行的几何形态分析中，还是在本章拓扑结构分析中，经由自然演化过程形成的城市历史街区网络都表现出了一致性的形态特征。从北非的突尼斯，到希腊的雅典，这些网络共享了某些共同的拓扑结构特征：相对较低的网络连通性、可理解度，以及相对较高的路径复杂性。图表中这些网络的特征值点都呈现明显的聚集分布状态，从而可以明确识别这种非规划网络的分布区域。与此相对，各种类型规划而成的街道网络特征值则更为离散，但不同类型网络仍显示出一定的差异性。格网型街网是一种特征非常明显的规划布局形式，它具有所有网络类型中最高的连通特性、可理解性，以及最低的路径结构复杂度。人工化的街道拓扑结构设计使其具有了很好的交通流连通特性，但同时也为造就了它最为规则化和易于识别的网络结构形式。城市外围网络与历史街区网络样本同样都是一种混合拓扑结构的网络样本，但通过量化测算显示出这种规划网络与非规划网络之间的形态差异。这些网络具有较高的空间整合度特性，同时可理解性也相对较高。而在路径结构异质性方面，一些由规划和非规划网络片段混合而成的样本显示出比历史街区更强的复杂性。郊区街网样本由于普遍使用了等级化的路径拓扑结构设计，因此在规划网络类型中连通度较低，复杂性也相对较低，但网络内部显示出较强的递归特性。量化分析方法的应用使得各种类型网络的拓扑形态特性直观地呈现在人们面前，更为明确的区分出规划与非规划网络之间的区别。

需要说明的是，所有这些拓扑形态指标量值的高低都不代表对网络空间品质优劣的评价，而只是对其特征的一种描述。例如格拉斯哥格网所具有的高理解性确实使其空间形态更易为人们识别和记忆，然而这种规则的、不断重复的结构形式同时也意味了空间的单调和乏味；相反历史街区的低可理解度从另一角度也可被视为网络空间的多样性（不同网络局部以及局部和整体之间具有不同质的结构形态），从而引发人们在空间行进时的探索欲望。事实上很多城市设计者都曾对现代格网空间的单调进行批判，而对历史街区空间的丰富性推崇备至。而网络样本中的庞德伯里，本身也是设计师模仿传统城市布局的设计作品。然而单纯对于道路形式的模仿，仍然不能为其带来同有机城市相类似的空间特质，与几何形态分析结果相似，在网络拓扑结构上，庞德伯里仍然是一种明显区别于传统路网布局的人造产物。

第五章探索了如何利用拓扑结构分析技术对街道网络进行量化分析，研究中所使用的两种空间单元分割方式均体现了由局部构建整体的空间构成逻辑，而这也为将这些方法应用于更大规模城市案例的实证分析奠定了必要条件。在下一章中，研究将继续对威尼斯、巴塞罗那中心区、科莫和青岩这四个城市案例进行拓扑学形态分析，从而进一步了解在整体网络系统中，拓扑结构的分布特征以及不同城市网络的拓扑形态关联。

第六章 城市街道网络拓扑形态特征实证研究

第五章中，论文演示了如何利用空间句法分析以及路径结构分析对局部街道网络进行拓扑抽象，并获得网络空间元素的拓扑形态量化指标。在这一章中，研究将进一步把这些拓扑形态分析工具应用于更大规模的城市整体网络案例研究之中，并对网络拓扑结构特性在城市区域内的空间分布模式进行图示。作为与第四章相对应的城市拓扑结构实证分析，本章仍然使用了威尼斯、巴塞罗那中心区、科莫和青岩作为城市分析的案例。这使得本章拓扑学范畴的分析同第四章几何学范畴的研究形成对照。通过对这些城市网络拓扑结构的实证研究，一方面可以使我们理解城市的文脉如何影响网络空间结构的形成，同时通过比较相同城市案例拓扑与几何形态的空间分布特性，也可以进一步理解这两类形态特征在相同的城市进程中如何建立起相互的联系的。

第一节 基于空间句法以及路径结构分析的城市空间拓扑形态实证分析方法

与城市街道网络几何形态实证研究类似，全局尺度的拓扑结构分析同样也涉及局部空间以怎样的逻辑构建整体空间的问题。因此本章的研究将首先从论证网络元素拓扑形态特征同整体网络特性的关联关系展开，并以此关系为基础搭建起城市整体网络实证分析的技术路线。

一、拓扑网络中局部与整体关系的建构

尽管空间句法与路径结构分析针对拓扑网络采用了不同的空间单元分割方式，但是两种拓扑模型的整体空间建构逻辑却是相似的。无论是轴线图示，还是路径结构图示，都是通过大量的局部空间单元相互连接构成网络整体。人们在认知街道网络拓扑结构过程中，一次体验一个空间单元，而最终头脑中形成的对城市的感觉是由不同的单元以及它们之间的过渡组成的，这同第二章中曾经探讨的人们认知整体空间的过程是相吻合的。然而与几何形态空间单元不同，一个轴线空间或者一条路

径本身都不会提供任何与街道网络相关的信息，而人们之所以能够在使用这些空间元素的过程中获得对网络整体的认知，就在于这些空间元素之间具有关联性。实质上关联性可以被看作是拓扑空间客观存在的一种手段，并且赋予空间以内涵。轴线图示以及路径结构图示两种拓扑网络的整体结构都是拓扑元素相互连接方式的产物，网络总体的特性受到各部分的特性及其组合在一起的方式的影响。相对而言，局部的特性也受到各局部之间的相互关联以及局部与整体关系的影响。

例如一个街道网络中，主街与背街并不是根据道路的宽窄进行区分的，而是由这些空间的连接方式所决定。主街就是网络中连通性最强的道路空间，从网络中的其他街道更易到达主街。因此主街上聚集的行人往往比支路或者背街的行人更多，而这一因素也随之带来商铺的聚集，从而确定了该空间在网络中主街的地位。而背街则是处于网络结构边缘、连通性较低的道路空间。外部人流较少能够通过拓扑连接抵达这一区域，因此更为僻静，多分布住宅类建筑。主街与背街之间的差异性正体现了一个拓扑网络的运作方式，网络内部局部构成整体的方式最终影响了人们对于一个区域拓扑特性的判断，并最终影响了系统内部的到达人流与穿行人流（图6.1）。

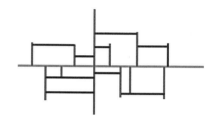

图6.1 路网整体结构导致的局部空间单元拓扑特征的差异。深色代表网络结构中深度最浅、最易到达的路径，从而成为网络中的主路；浅色则代表网络结构中深度最深、不宜到达的路径，因而成为网络中的背街

空间句法与路径结构分析两种理论的产生都旨在量化描述拓扑网络中局部与整体之间关联特性。如第五章所述，连接性与深度值是两种理论中共通的空间元素个体特征变量，也是构成两个拓扑分析系统的基础性变量，而这两个变量所描述的正是空间元素在网络内部的关联特性。根据定义，连接性描述的是一个空间单元所具有的直接联系，而深度则表明了在整体网络范围内，一个单元同其他单元的连接状态。空间元素连接性越强，则在局部范围内元素的空间关联越多；空间元素连接性越弱，则局部范围内的关联越少。与此对应，空间元素深度越深，则该元素同整体网络内部其他结构的联系越弱；深度越浅，则元素同整体网络内部其他结构的联系越强。在空间句法以及路径结构分析理论中，连接性以及深度变量就是通过对个体路径结构的分析获取整个街道网络的相关信息的主要媒介。借助于连接性以及深度指标，每一个空间单元所承载的网络局部和整体拓扑连接信息都可以被测量。

综上所述，空间句法与路径结构分析对城市网络拓扑模型进行构建和定量描述的方式使它们具备了将局部同整体关联起来的能力。相对于仅关注系统整体特性的传统网络拓扑学研究，这两种新的网络拓扑理论从构建机制本身既适应于对整体性城市街道网络空间形态认知进行研究。因而在随后的研究中，空间句法与路径结构分析将被应用于威尼斯、巴塞罗那中心区、科莫以及青岩四个城市案例之中，探讨其各自拓扑网络局部同整体之间的空间关系。结合各个实例独特的城市文脉，城市网络拓扑结构的形成过程得以展现。

二、城市网络拓扑分析技术路线

第五章中介绍如何利用空间句法分析以及路径结构分析描述局部网络拓扑形态特征，在本章中这两种定量分析方法被进一步应用于城市整体网络的实证分析之中，其中空间句法分析用于获取网络的整合度以及可理解性量化指标，并在城市范围内对网络拓扑形态特征空间分布模式进行图示；而网络路径结构分析则被用于从城市整体视角分析网络的规则性、复杂性等拓扑结构特性。

（一）空间句法整合度分析

为实现对整体城市大规模街道网络的快速整合度测算，并对网络整合度特征进行空间分布图示，研究将借助于基于空间句法原理开发 Depthmap 软件对案例城市进行分析（图 6.2）。Depthmap 是由 Alasdair Turner 等人合作开发的一种新型句法分析软件，尽管该软件相对于该领域其他一些软件出现时间较晚，但由于其功能全面、算法完善、操作直观、更新速度快，因此成为目前应用范围最广，且为空间句法组织官方推荐的空间整合度特性分析软件。

图 6.2　Depthmap 空间句法辅助分析软件

Depthmap 软件由基于平面空间的视域分析（Visual Graphic Analysis, VGA）以及基于轴线空间的轴线分析（Axial Analysis）两部分组成。在街道网络研究中，主要使用轴线分析工具对网络的空间拓扑结构进行整合度计算，其具体分析流程如下：

1. 绘制轴线地图

将各城市街道网络基础平面图（如第四章中提取的街道网络边界图）导入 Depthmap 软件，利用该软件提供的轴线工具在全局网络范围内绘制轴线地图。绘制时需使用尽可能少和长的轴线，彼此相交贯穿整个街道区域。Depthmap 软件同时也提供了自动轴线绘制工具，但一方面出于准确性的原因，同时也因为手动添加轴线将有助于研究者对于网络空间的理解，因此软件设计者更鼓励人们使用手动方式获得轴线网络。

2. 计算网络全局整合度

利用软件所提供的轴线分析工具（Tools → Point/Axial/Convex → Run Axial Line Analysis……）对城市街道轴线网络整合度进行测算。测算分为全局整合度与局部整合度两个部分，全局整合度测算步长设置为默认值 n，局部整合度测算步长统一设置为 3。通过测算建立各城市网络空间句法拓扑形态变量数据库。

3. 统计城市网络可理解度

Depthmap 软件提供了基于街道网络数据库的散点图示功能，并可对任一——组拓扑形态变量进行相关性（R-square）分析。以各城市网络拓扑形态变量数据库为基础，对它们的全局整合度以及局部整合度进行相关性分析，即可获得该网络空间可理解度指标。

4. 句法变量空间图示化

Depthmap 软件以轴线地图为基础，提供了对各主要句法变量指标在网络空间中分布模式的图示功能。本研究将利用该功能对各城市网络的连接性、全局以及局部整合度变量的空间分布情况进行分析。图示中，网络轴线显示为由亮色过渡到暗色的分级色谱，亮色轴线代表句法变量指标极高值，暗色轴线代表句法变量极低值。通过该图示方法可以直观的理解城市内部空间的构成结构。

（二）网络路径结构异质性分析

1. 路径结构图示

将各城市街道网络转化为路径结构图示，选择网络中的主要路径作为深度计量基准路径，并为网络中各路径赋予深度值。同样以冷暖色谱方式图示网络路径深度值，暖色路径深度值低，冷色路径深度值高。

2. 计量网络路径结构特征值

逐一计量网络中各路径连续性值与连接性值参量，建立网络路径结构数据库。

3. 统计网络异质性指标

通过对网络结构数据库进行统计分析，获得各网络路径类型数，并计量网络规则性、复杂性、递归性异质性指标，绘制网络异质性图表。借助于该图表，可对各网络路径结构构成特征进行比较分析。

第二节 量化对比研究

一、威尼斯

通过空间句法测算，威尼斯网络全局整合度值域范围为 0.28-0.62，均值为 0.42，局部整合度值域为 0.33-3.68，均值为 1.6。图 6.3（a）、（b）分别图示了威尼斯网络全局整合度与局部整合度的空间分布形态。

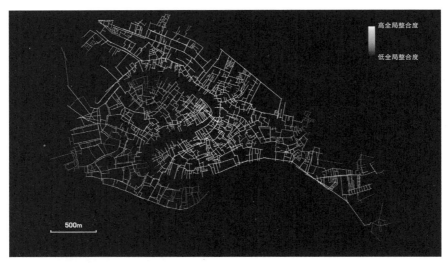

（a）网络全局整合度

（b）网络局部整合度

图 6.3 威尼斯网络整合度测算

从全局整合度分布图可以看到，集成度最高的轴线沿大运河的外侧构成一条连贯的交通路径，将人流从火车站区域引向位于岛屿中心的里亚尔托市场区域并最终导入圣马可广场地区，而网络全局整合度极值（亮色轴线分布区）则发生于里亚尔托市场以及里亚尔托桥所在位置，如第四章所介绍，该区域是威尼斯的商业核心区，同时里亚尔托桥是连接运河两侧岛屿最为重要的节点，是过往人流必经要道，而该桥本身也云集了大量的金匠商铺。将全局整合度图示同布坎南所做的威尼斯步行交通系统分析图进行对比，可以发现，目前城市中的主要交通路径正是在空间结构中具有最高全局整合度轴线的分布区域（图 6.4）。这些道路空间在日常使用中的主要交通地位，是同它们在网络中所具有的拓扑连接结构相关的。空间句法理论将这种空间功能与结构之间的关联现象解释为由一种同步反馈式的过程产生的城市结果：类似于威尼斯这种有机城市的网络并非一次建设成形的，在最初的网络中具有较高连接性的空间单元会吸引更大的交通流量，带来人群的聚集，这些区域自然会吸引商铺的进驻，导致市场的萌生以及一些公共性场所的出现；另一方面，商业以及公共性城市功能同时导致了在缓慢的城市发展过程中周边区域路径结构的改变与细化，更多的捷径与通路被开辟出来，进一步增强了该区域的可达性。随着这种互馈反应的不断进行，城市的功能区域以及空间结构逐渐被确定下来，并最终形成顺畅运转的城市内部机制。威尼斯案例恰好提供了这种城市功能与空间结构关联性的完美样本，人们在城市中依据对空间结构的潜意识判断使用空间，而城市功能也顺应空间结构特性分布。

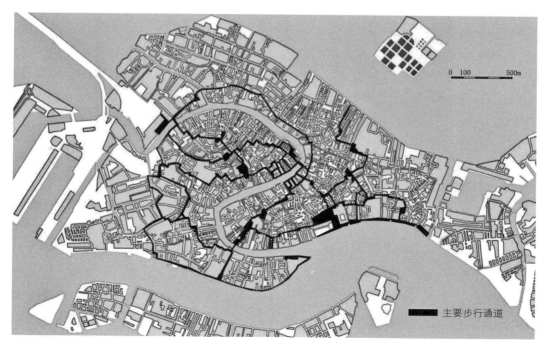

图 6.4　威尼斯主干步行系统网络图示

（图片来源：Stephen Marshall. Streets & Patterns[M]. New York：Spon Press, 2005：66.）

相对于全局整合度图示，威尼斯局部整合度图示显示出城市另一种文脉特征——聚落聚合。威尼斯局部整合度图示描述了与全局整合度图示完全不同的整合度分布模式，在该图示中很难识别出全局性连续的高整合度空间结构，而是在城市范围内散布了很多局部高整合度轴线，每一条这种区域高整合度轴线都代表了一个区域性城市中心。威尼斯城市是在几百年历史中由大量相对独立的教区聚合而成，直至今日，这些教区都保持了各自的市场、教堂、公共活动场所和地方习俗。正是这种独特的城市演化过程带来了威尼斯局部城市尺度上的独立结构特性，城市的各个组成部分都可作为一个分散的空间系统运作，而在深层次整体结构上则构成一个完整的系统。

威尼斯全局与局部整合度形态构成的差异性，导致了威尼斯网络具有极低的空间可理解度。在对局部整合度和全局整合度回归分析中，所获得的 R-square 值仅为 0.05，这表明通过对威尼斯局部街道系统几乎无法建立起对整体城市尺度上网络结构的认知（图 6.5）。事实上，威尼斯街道是一种典型的迷宫式的网络系统，凭借局部空间视线的引导很难获得正确的网络结构主次关系的认知，同时网络中存在大量的短促街道以及频繁转向也使人极易丧失方向感。

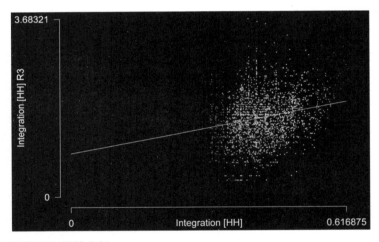

图 6.5　威尼斯网络可理解性分析

在借助 Depthmap 软件对威尼斯网络拓扑连接结构进行定量描述之后，研究进一步通过路径结构分析对其整体网络结构构成的异质化程度进行分析。图 6.6 显示了路径结构图示下的威尼斯网络深度，图 6.7 为威尼斯网络异质性图表。经计算，威尼斯网络规则性、异质性以及递规性值分别为 0.58、0.34、0.08，尽管相比于第五章中对威尼斯中心区局部网络的路径结构分析，其整体网络所表现出的结构异质性值有所下降，然而该网络的异质化程度仍然处于相对较高的水平。另外较高的递规性值也说明了威尼斯网络包涵有一定的树形分支特征的街道结构。

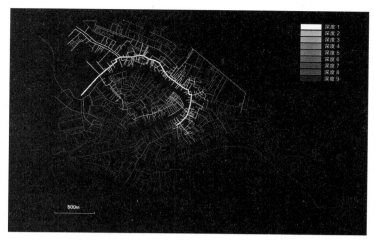

图 6.6　威尼斯网络路径结构深度图示。亮色代表网络中深度最浅的路径，既基准路径。暗色代表网络中较深的路径

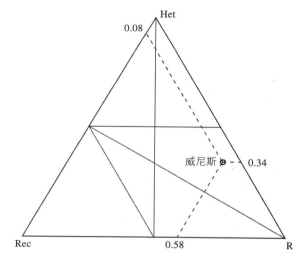

图 6.7　威尼斯网络路径结构异质性分析

二、巴塞罗那中心区

　　与几何形态分析过程相类似，巴塞罗那中心区网络既被作为一个网络拓扑结构整体加以分析，同时又根据其内部构成特性，被划分为老城区、巴塞罗尼塔区以及拓建区三个相对独立的子网络被分别加以研究。

　　通过空间句法测算可得，巴塞罗那网络全局整合度值分布在 0.44 ~ 3.1 范围内，均值为 1.82；局部整合度值分布在 0.33 ~ 4.83 范围内，均值为 2.61。图 6.8（a）、（b）分别显示了对巴塞罗那中心区整体网络的全局以及局部整合度空间分布形态。可以看到，在巴塞罗那中心区，全局整合度分布模式与局部整合度分布模式之间具有很高的一致性。无论在全局还是局部整合度测算中，巴塞罗那拓建区都显现出最高的整合度特性，同时西南 - 东北方向街道整体高于西北东南方向街道。正交格网形态的网络系统统治了整个中心区域的交通，长而无转折的视觉轴线汇聚了主要的交通流量。比较而言，老城区与巴塞罗尼塔区网络则由于与拓建区整合度差距过于悬殊，因此区域内轴线都呈现为低整合度值的暗色，在区域网络中表现出一种相对隔离的状态。其中，老城区的隔离性特征是由于网络拓扑结构的差异性导致的。尽管老城的历史街区被拓建区网络包裹在中心位置，并在边缘处发生联系，然而由于两个网络之间截然不同的轴线连接结构，因此大多数来自于拓建区的高整合度长轴线在网络交界处即被中断，仅有沿兰布拉大道（La Rambla）以及来埃塔纳（Via Laietana）大街延伸的两条高整合度轴线得以渗透到老城区网络内部。老城区内部街网体现出中世纪城市街道的典型特征，短而多转折的轴线构成松散的轴线体系，高整合度特性难以在内部延续，并最终形成隔离的孤岛。相对而言，虽然巴塞罗尼塔区同拓建区一样具有格网形式的拓扑连接结构，但是该网络脱离另外两个网络系统而独立存在，仅在边缘发生少量的轴线连接，这也导致拓建区的高整合度特性难以被延续到巴塞罗尼塔网络之中，从而造成了在整体尺度上，该区域网络具有较低的整合度特性，并呈现出与整体网络分离的拓扑结构状态。

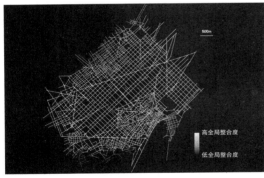

（a）网络全局整合度　　　　　　　　　　　　　　　（b）网络局部整合度

图 6.8　巴塞罗那中心区整合度测算

对巴塞罗那中心区进行整体性可理解度分析，获得 R-square 值高达 0.85，这也体现了在全局整合度与局部整合度分析过程中所表现出的空间特征分布的一致性（图 6.9）。

图 6.10 为巴塞罗那中心区网络路径结构深度图示，通过路径结构分析可以看到，作为整体网络的巴塞罗那中心区异质性值为 0.17，规则性值为 0.82，递归性值为 0.01（图 6.11）。相对威尼斯网络而言，巴塞罗那中心区网络拓扑结构异质性更低，网络结构构成更趋均质化。

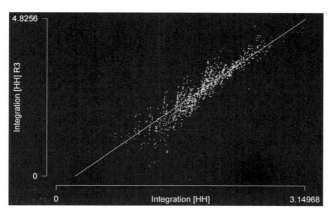

图 6.9 巴塞罗那中心区网络可理解性分析

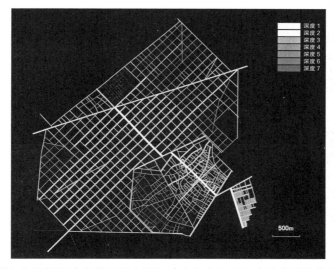

图 6.10 巴塞罗那中心区网络路径结构深度图示（亮色代表网络中深度最浅的路径，既基准路径，暗色代表网络中较深的路径）

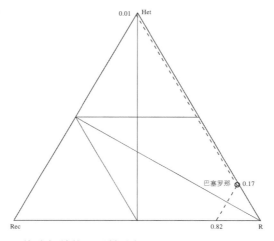

图 6.11 巴塞罗那中心区网络路径结构异质性分析

（一）老城区

如果将老城区作为一个独立子网络进行空间句法分析，可以测量得到该网络全局整合度值域为 1.08-3.49，均值为 1.82；局部整合度值域为 0.87 ~ 4.2，均值为 2.32 [图 6.12（a）、（b）]。从整合度分布图示可以看到，兰布拉大道成了该网络拓扑连接结构的核心，具有最高的网络全局以及局部整合度值。兰布拉大道在 15 世纪是巴塞罗那两个彼此分离的城墙区域的中间地带，两个城墙朝向兰布拉各自开三个城门，作为彼此交通的通道。❶ 自城墙拆除以后，兰布拉被修建为一条典型的巴洛克式景观大道，而原有的两个城墙区域通往兰布拉的联系不断被加强，并最终通过它结成一个整体性网络系统。老城区另外两条高整合度轴线分别沿平行于兰布拉大道的来埃塔纳大街以及与兰布拉正交相交的 Carrer de Ferran 大道延伸，并构成了整个区域的结构骨架。

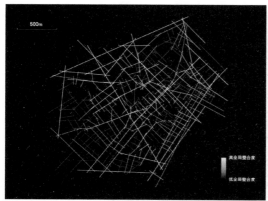
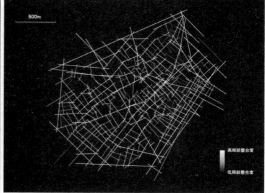

（a）全局整合度 （b）局部整合度

图 6.12　巴塞罗那老城区整合度测算

通过对老城区网络进行可理解性值测算可获得 R-square 为 0.85，与巴塞罗纳中心区总体可理解度持平（图 6.13）。尽管老城区网络同威尼斯网络一样都属于中世纪有机形态的街道，但由于该网络主要经由单核心扩张的方式演化形成，而不是像威尼斯一样由多个分散的相对独立的城市肌理聚合而成，因此网络局部整合特性同全局整合特性分布比较吻合，网络也具有更强的可理解性。事实上，对威尼斯与巴塞罗那老城区两个城市网络的实际城市空间认知经验也验证了上述结论：尽管威尼斯网络和巴塞罗那老城区都具有狭窄封闭的街道形式，但与威尼斯迷宫式的网络相比，在巴塞罗那老城区网络中更易获得明确的方向感。

基于老城区网络的路径结构分析可获得该网络异质性值为 0.25，规则性值 0.73，递归性值 0.02。网络的异质性特征高于作为整体的巴塞罗那中心区网络（图 6.14）。

❶　Joan Busquets. Barcelona: the urban evolution of a compact city[M]. Italia: Litografia Stella, 2005.

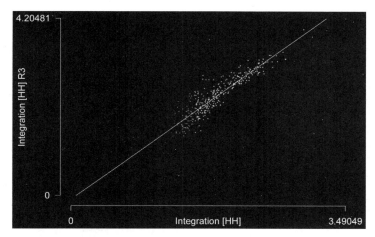

图 6.13 巴塞罗那老城区可理解性分析

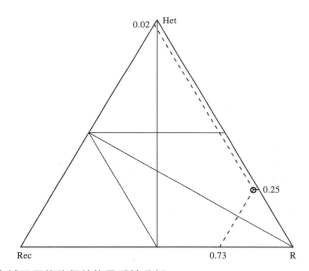

图 6.14 巴塞罗那老城区网络路径结构异质性分析

（二）巴塞罗尼塔

对巴塞罗尼塔区域网络进行句法测算，可得全局整合度值域为 0.86 ~ 3.26，均值 1.8；局部整合度值域为 0.74 ~ 3.46，均值 1.98。该网络整合度分布图示显示出最高整合度轴线出现在滨海大道 Passeig de Joan de Borbó 之上，该街道为区域中最主要公共性街道，承载了区域对外绝大多数的交通联系 [图 6.15（a）、（b）]。所有巴塞罗尼塔住区街道均连通至滨海大道之上，继而与巴塞罗那拓建区等中心区网络发生联系。

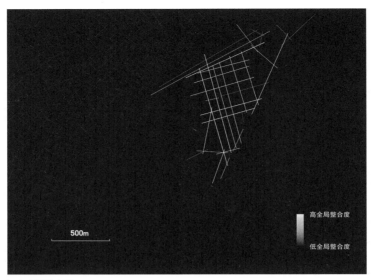

（a）全局整合度

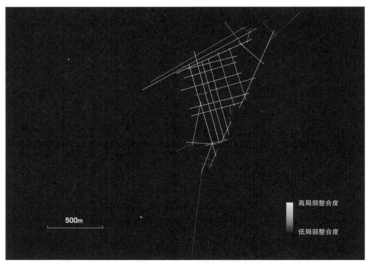

（b）局部整合度

图 6.15　巴塞罗尼塔区网络空间整合度测算

　　相比于老城区以及拓建区网络，巴塞罗尼塔网络尺度更小，同时格网状构成形式也让网络的拓扑结构更为简单，这使得网络的局部信息与整体信息保持了高度一致性。根据对该网络可理解性测算，可得 R-square 值高达 0.97，这表明对巴塞罗尼塔网络空间的认知相对容易，通过对网络局部位置的认知就以推断出整体的结构（图 6.16）。

　　此外，简单的拓扑结构还使巴塞罗尼塔具有更高的网络结构均质度。路径结构分析表明，该网络规则性值为 0.8，而异质性和递归性值分别为 0.16 和 0.04（图 6.17）。相对较高的递归性值说明了网络中存在了一定比例的树形分支道路结构。

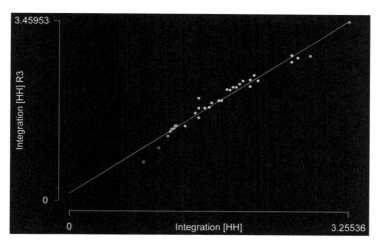

图 6.16 巴塞罗尼塔区网络可理解性分析

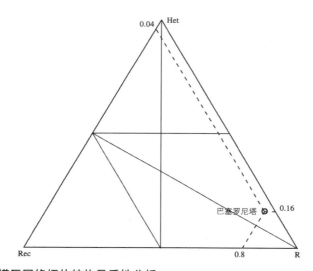

图 6.17 巴塞罗尼塔区网络拓扑结构异质性分析

（三）拓建区

巴塞罗那拓建区全局整合度值域为 1.12 ~ 5.18，均值为 2.56；局部整合度值域为 0.78 ~ 5.55，均值为 2.99。对巴塞罗那拓建区进行单独的空间句法分布图示分析显示出，网络最高整合度轴线出现在著名的对角线大道（Avinguda Diagonal）之上 [图 6.18（a）、（b）]。该大道为巴塞罗那最为重要的交通干线，同时也是世界闻名的购物街。对角线大道作为拓展区网络中等级最高的交通路径，在规划之初便被设定为 50m 道路宽度，从而承载高负荷的快速交通流。空间句法分析揭示出该道路在整个网络结构中所处的核心位置，它与网络中绝大多数的正交格网街道相联系，成为整个系统的骨架。

137

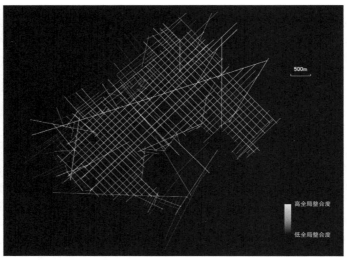

（a）全局整合度

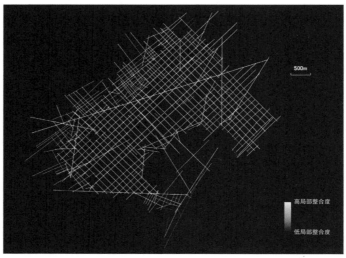

（b）局部整合度

图 6.18　巴塞罗那拓建区整合度测算

　　同样由于格网形式结构的简单性，拓建区网络局部整合度与全局整合度也保持了较高的一致性。可理解度测算显示，该网络 R-square 值为 0.93，该值虽然低于小尺度的巴塞罗尼塔格网，但已明显高于有机形态的老城区网络以及威尼斯网络（图6.19）。和所有格网网络一样，仅需对网络局部进行认知，就可以理解网络的整体结构形态。

　　格网状的街道构型也使拓建区具有很高的结构均质性。路径结构分析显示，拓建区网络规则性值为 0.81，异质性值为 0.18，而递归性值仅有 0.01（图 6.20）。与巴塞罗尼塔格网不同，拓建区网络中几乎不存在树形分支路径结构。

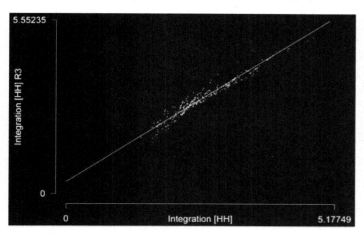

图 6.19　巴塞罗那拓建区可理解性分析

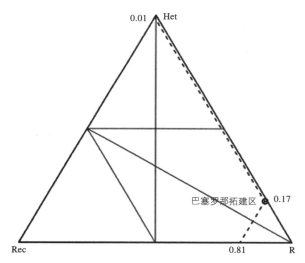

图 6.20　巴塞罗那拓建区网络路径结构异质性分析

三、科莫

经测算，科莫城市街道网络全局整合度值域为 0.98 ~ 3.03，均值为 1.81；局部整合度值为 0.73 ~ 3.6，均值为 2.31。对于科莫城市街道网络的空间句法图示显示出该网络的拓扑结构核心聚集于传统历史街区范围之内 [图 6.21（a）、（b）]。科莫城墙拆除后，在原位置上形成的环城交通干线构成了现代科莫城市网络的骨架。其中在原东侧城墙位置形成的连接新老城区、并一直延伸至米兰的交通干线具有网络中最高整合度值。正是通过这些主干性的轴线，新老城区得以连接成为有机拓扑结构整体。可以看到城市网络的整合度由中心高整合度向外围逐级递减，并形成外围低整合度的住宅区网络。

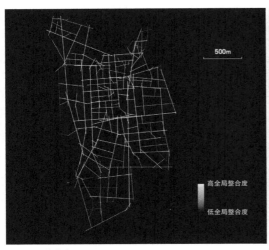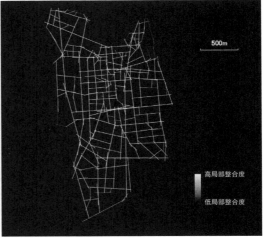

（a）全局整合度　　　　　　　　　　　　　　　　　（b）局部整合度

图 6.21　科莫网络空间整合度测算

分析科莫街道网络全局整合度与局部整合度相关性，获得可理解度 R-square 值为 0.9，该网络也具有较高的可理解性，这种高可理解性同样是由网络的拓扑结构特性所决定的（图 6.22）。事实上尽管与巴塞罗那拓建区表现出完全不同的几何形态，但是科莫网络从拓扑学视角来看依然是一种格网结构。在老城区，虽然城市街道经历了漫长的中世纪改造，但建设于古罗马殖民时期的方格网主导了整个网络的主要结构形式；而在现代城市区域，街区网络因沿用了天然道路而呈现出随机的走向，但其拓扑结构最终呈现为一种变形的格网。格网化的网络拓扑结构使科莫具备了与巴塞罗那拓建区相近的可理解度，尽管相对于后者，科莫的网络显得略微复杂，但是清晰的拓扑结构特征使城市结构易于理解。

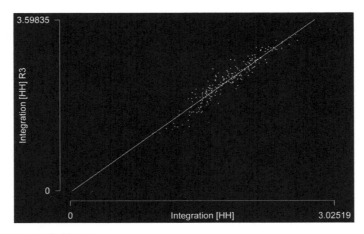

图 6.22　科莫网络可理解性分析

科莫城市路径结构深度图示见于图 6.23，通过路径结构分析可获得科莫城市街道网络异质性值为 0.29，规则性值为 0.69，递归性值为 0.02（图 6.24）。网络的不均匀性整体高于巴塞罗那中心区网络，而低于威尼斯网络。同时较低的路径结构递归性从另一个方面反映出该网络主要由格网结构构成，而树形分支结构较少出现。

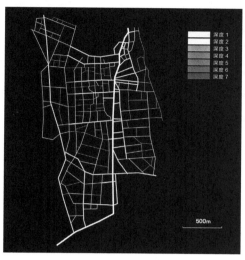

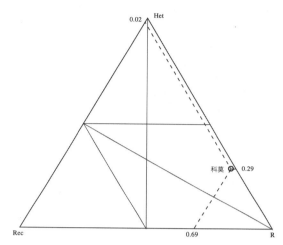

图 6.23　科莫网络路径结构深度图示
（亮色代表网络中深度最浅的路径，既基准路径，暗色代表网络中较深的路径）

图 6.24　科莫网络路径结构异质性分析

四、青岩

根据青岩空间句法测算结果显示，该网络全局整合度值域为 0.43～1.25，均值为 0.8；局部整合度值域为 0.33～2.73，均值为 1.4。通过整合度特征值分布图示可以看到，全局整合度核心出现在青岩老城地理中心位置，其中分布于明清街北段以及东街的轴线显示为最高值红色 [图 6.25（a）、（b）]。这些高整合度轴线连接了城镇中的集市空场，同时明清街也是青岩最重要的旅游区域和大量商铺所在地。而城镇中一些主要居住区域，如背街轴线则显示出低整合度的蓝绿色，这些区域在网络中处于相对隔离的位置，较少交通往来，相对安静和私密。青岩网络的这种构成结构清晰的反映出城市网络的生长过程：曾经作为驿道使用的明清街是城市网络增长的原点，由于大量交通流的通过，其他路径结构从驿道上开始生长发展。随着网络的不断完善，驿道在网络中的主干作用不断被加强，而一些与其直接相交的道路也逐渐成长为重要交通路径，并最终构成由中心向周边发散的网络骨架结构。

对应于全局整合度图示，从局部整合度图示中可以看到青岩网络新的增长趋势。局部整合度测算显示，整合度核心由老城中心偏移到城镇东侧交通干道之上。该道路

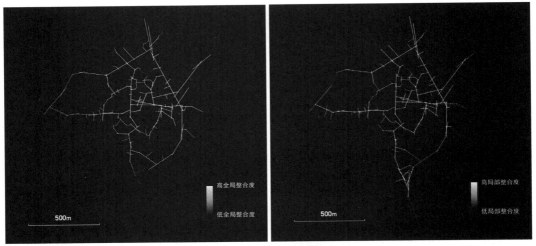

（a）全局整合度　　　　　　　　　　　　　　　（b）局部整合度

图 6.25　青岩网络整合度测算

于中华人民共和国成立之后修建，取代穿越老城的驿道成为新的地区性交通干道。目前青岩镇政府以及一些商铺已经迁移至该道路区域，并向东增长出新的聚居点。局部整合度测算显示这条新的干道已经发展出高连接性的局部分支，并已形成稳定的局部中心。

　　青岩新的城市增长趋势所带来的局部与全局整合度的差异性同时也导致了网络的可理解性相对较低。经测算，青岩网络 R-square 值仅为 0.41，远低于巴塞罗那以及科莫的可理解性水平（图 6.26）。

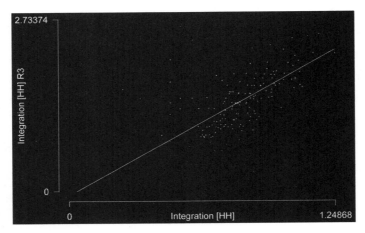

图 6.26　青岩网络可理解性分析

　　青岩网络路径结构如图 6.27 所示，通过路径结构分析可得，青岩拓扑结构异质性值为 0.24，规则性值为 0.69，递归性值为 0.07（图 6.28）。该网络具有所有测算网络中最高的递归性特征，网络中存在相对较多的树形分支结构。

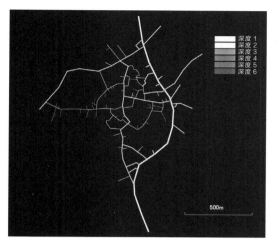

图 6.27　青岩网络路径结构深度图示
（亮色代表网络中深度最浅的路径，既基
准路径，暗色代表网络中较深的路径）

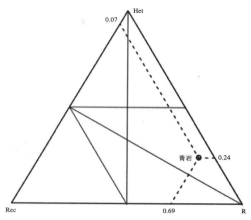

图 6.28　青岩网络路径结构异质性分析

五、对比研究

所有城市案例拓扑结构特征值统计于表 6.1 中，图 6.29、图 6.30 与图 6.31 分别利用网络整合度图表、可理解性图表以及异质性图表对各案例特征值进行比较。

四个城市案例关键拓扑结构特性指标统计　　　　　　　　　　　　　表 6.1

	全局整合度（均值）	局部整合度（均值）	R-square	递归性	规则性	异质性
威尼斯	0.42	1.6	0.05	0.08	0.34	0.58
巴塞罗那中心区	1.82	2.61	0.85	0.01	0.82	0.17
巴塞罗那老城区	1.82	2.32	0.85	0.02	0.73	0.25
巴塞罗尼塔区	2.56	2.99	0.93	0.04	0.8	0.16
巴塞罗那拓建区	1.8	1.98	0.97	0.01	0.81	0.18
科莫	1.81	2.31	0.9	0.02	0.69	0.29
青岩	0.8	1.4	0.41	0.07	0.69	0.24

网络整合度图示显示出各城市案例街道整合度特征值相对分布位置，第五章中 12 个网络样本特征值点也被加入到图示之中，可以对各城市案例特征点分布位置进行标识（图 6.27）。图示中威尼斯与青岩网络分布于图表的左下方区域，与网络样本中 A 类型（城市历史核心区）网络分布区域相近。这两个网络都是经由自然增长过程形成的有机网络结构，拓扑路径较短，转折较多，因此网络整体流通性和可达性较低。与此相对，科莫与巴塞罗那中心区网络则分布于图表右上侧，与网络样本中的 B 类型（城市传统拓展区格网形网络）网络分布区域相近。如此前所述，无论是

巴塞罗那中心区还是科莫网络在拓扑学角度上都可被看作一种格网结构形式，网络内部轴线长，转折较少，空间可达性整体较高。此外，在巴塞罗那三个子网络中，拓建区网络具有最高的整合度指标，其全局整合度与局部整合度均达到所有测算样本的极高值，这种大规模均质化格网网络能够提供极强的交通连通特性，并且使交通流渗透至结构中的所有空间单元。巴塞罗尼塔网络尽管同样为格网结构形式，然而由于整体尺度相对较小，且存在一定的

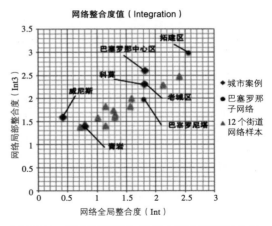

图 6.29　城市案例及网络样本整合度图示分析

树形分支结构，因此整合度指标有所降低。在测算中，巴塞罗那老城区表现出相对较高的整合度指标，这使其与威尼斯以及青岩这样典型的历史街区有所区别。这种相对高整合度特性主要是由于 19 世纪后对老城区局部范围所进行的现代改造导致的，例如1907 年开始建设的来埃塔纳大街，穿越老城区中心地带将拓建区与海边联系起来，从而为整个老城街网带来了更高的交通连接性。

图 6.30 中，各网络案例的可理解性指标被置于同一图表中进行比较。与整合度分析类似，该图表也显示出一种明显的两极分化状态：威尼斯网络 R-square 值仅为 0.05，而青岩网络的可理解度为 0.41，这两种街道网络都无法通过网络局部判断整体结构特性；与此形成对应，巴塞罗那中心区以及科莫网络的可理解度都在 0.85 以上，其中巴塞罗那拓建区可理解度更高达 0.97，趋近于 1，在这些网络中，通过微观街道系统的认知就可以获得与城市宏观结构一致的空间提示。上述各个网络拓扑结构可理解性的差异都是基于不同城市文脉产生的，如前文所述，威尼斯城市极低的可理解性以及迷宫式的城市结构归因于多聚落聚合的特殊城市发展文脉，而青岩案例的

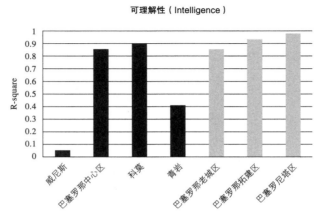

图 6.30　城市案例网络及子网络可理解性比较分析

低可理解性则主要由于城市网络正处于结构转型的过程中。另外巴塞罗那中心区网络高可理解性可以认为是 19 世纪中期塞尔达通过大规模的一次性格网规划而精心营造的城市空间结果，而科莫城市网络则通过一种更为缓和自然的规划方式获得了与巴塞罗那拓建区相近的网络空间可理解性。不同的城市文脉造就了不同的空间拓扑结构宏观、微观特性，并最终作用于人们对这些城市的空间认知过程之中。

　　街道网络拓扑结构的差异在网络异质性分析中以另一种形式体现出来。通过异质性图表（图 6.31）可以看到，四个城市案例中，威尼斯街道系统具有最强的网络异质性特征，而巴塞罗那中心区网络则最为规则，另外两个网络——青岩与科莫——异质性程度介于二者之间。而在巴塞罗那三个子网络中，老城区网络异质性程度更接近于青岩与科莫网络，巴塞罗尼塔与拓建区两个网络的异质性程度则彼此相近，二者都更为趋近与规则性顶点。借助于异质性图表，科莫案例变形的格网网络同巴塞罗那拓建区绝对化的格网网络之间显示出明确的差异性。尽管两个网络的整合度特性以及可理解性都更为相似，但是科莫网络在拓扑构成上相比于巴塞罗那拓建区更不均匀。从整体角度来看，科莫网络中的路径结构类型更为多样，而巴塞罗那拓建区网络路径则由于近乎相同的拓扑连接方式因而结构更加同质化。另外对于城市案例的分析与上一章对局部网络样本的分析所得到的结论基本吻合，规则的格网网络更靠近异质性图表的右下侧区域，而有机形态的街道网络路径结构构成也更为不均匀，因此更偏向顶角点分布。

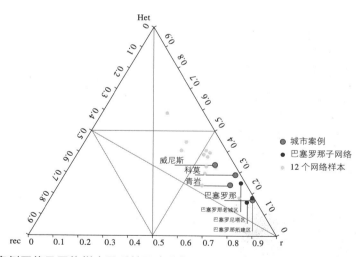

图 6.31　城市案例网络及网络样本异质性图表分析

　　总而言之，无论是空间句法整合度分析还是路径结构分析对网络异质性的研究，其作用都是通过一种量化的方法对不同的城市网络进行特征的揭示和区分。在研究过程中，城市一直被作为一个复杂的整体看待，城市网络内部拓扑特性的空间分布形态以及网络所表现出的整体特征趋势都被视为一个网络区别于其他网络独立存在的重要因素。这从拓扑学的角度回应了第二章中所提到的人们获得城市空间知觉的基本过程，同时多种图示技术的应用使对这种认知过程的量化评价成为可能。

第三节　城市形成过程中拓扑结构与几何形态之间的互馈作用

（a）威尼斯网络几何形态特征与拓扑结构特征空间分布图示

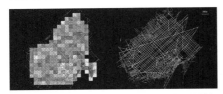

（b）巴塞罗那网络几何形态特征与拓扑结构特征空间分布图示

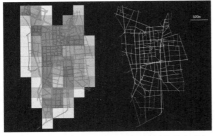

（c）科莫网络几何形态特征与拓扑结构特征空间分布图示

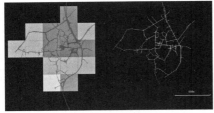

（d）四个城市案例几何形态特征与拓扑结构特征空间分布图示比较

图6.32　四个城市案例几何形态特征与拓扑结构特征空间分布图示比较

在之前研究中，城市网络的拓扑结构特性与几何形态特性被作为两个独立的特征类型分别加以分析。但是，任何一个城市的街道网络都是作为一个完整的物质实体生长或者规划形成的，因而其各方面空间特性也都不是割裂存在的。现实世界中的街道，永远都是拓扑结构与几何形态混合和相互作用的产物。

如果将第四章中各城市案例的几何形态特性空间分布图示（网络面密度图示）同本章中城市案例的拓扑结构特征空间分布图示（全局整合度图示）进行对比，不难发现，在同一个案例中街道网络几何形态特征与拓扑结构特征的分布具有相似的趋势（图6.32）。威尼斯网络最高面密度值与整合度特性都集中在里亚尔托市场区域；巴塞罗那中心的拓展区网络具有区域内最高的面密度指标和整合度指标，老城区网络在两种测算中则都显示出较低的指标特性；科莫城市网络的高面密度与高整合度区都集中在老城中心区以及东侧交通干线周边区域；而青岩面密度以及网络整合度极高值则同时发生在市中心集市周边区域。

尽管从纯粹数学角度来看，一个网络拓扑结构与几何尺度形态之间并不必须存在联系，但是真实环境中的城市案例分析却说明了街道网络的高整合度与某种形式的高网络密度常常是同时出现的。这种城市网络拓扑结构与几何形态的相关性产生的原因可以总结为两种网络特性的双向互馈作用：

当一个网络初具规模之后，网络的拓扑结构会导致一种自然运动的不均匀分布模式，一些地方可达性更强（相对整合度更高），因而比其他地方更加繁忙。这将促使网络中这些区域的道路尺度被加宽，甚至局部开放成为空场，从而满足更高的交通流以及相应带来的公共活动的使用需求；而在网络结构中较为僻静的区域，由于没有高强度的交通需求，因此人们会使用更多的土地建造房屋，而仅保留满足通行需求的最小路径宽度。这时，拓扑结构连通性高低的差异性就会相应带来区域内网络道路面积比例的区别。与此类似，这种拓扑结构的不均匀分布也会带来网络框架精细程度的变化。随着网络中高可达性区域固定公共场所的形成，为了适应高交通流的聚集与疏散，一些捷径会穿越地块出现并被延续使用成为固定的道路，周边地块的尺度相应减少，小地块间的可达性加强，导致周边网络被进一步加密，区域内网络的线密度指标显著提高。

当街道网络几何形态变化剧烈时，它也会反作用于网络的拓扑空间结构。网络框架加密的过程本身也导致了网络局部的拓扑连接增强，于是拓扑结构上的区域中心就由整体和局部的双重特性组成：整体的拓扑结构使他们在较大的城市尺度容易被触及，局部的特征使它们内部之间更易到达。

正是因为街道网络拓扑结构特性与几何形态特性之间存在互馈作用，最终使城市从最初简单的建筑物聚集转变为和谐统一、整体化运作的功能体。如果将城市看作一个复杂系统，这种互馈作用正是复杂系统运作的一个局部。它基于城市中无所不在的微观经济活动而产生，经由自组织过程实现。人们在城市中运动、进行建造活动、分配用地性质、修改空间形式都是使城市网络空间特性遵循空间规律发生改变的具体手段。在那些自然增长的有机城市中，这种变化可能会历经几百年不间断地进行，直到网络系统形成良好运行的有机体，适宜的街道尺度、结构形式、框架精细度在布局中合适的地区出现。和所有复杂系统内部作用一样，城市两种类型形态特征之间的互馈与刺激并不是无限循环的，当城市网络的物理形式同城市功能需求达到平衡时，网络形态特征将会进入到一种动态的稳定状态。直到新的刺激因素加入复杂系统之中（如新的城市拓建区，或者一条强连接性主干道穿越网络区域），新一轮的互馈反映将会重新展开。

但是在城市案例中，我们还看到了另外一种城市形成过程——一次性规划建设的巴塞罗那拓展区。这种规划而成的网络不再是空间规律的作用结果，而是设计师主观意识的体现，塞尔达在设计之初时就决定使平等均质的概念渗透于网络拓扑结构与几何特性之中，因此当新的网络实现的那一刻起，原有城市的空间形态就被彻底地改变了。拓建区网络从拓扑结构以及几何形态方面都更适于承载更大强度的交通流量，并因此形成了整个区域的交通核心。

通过上述分析可以看到，无论在人工城市还是在有机城市中，一个健康运行的城市网络机体其拓扑结构特性与几何形态特性都是相互适应的。一个高整合度拓扑结构的网络区域与低渗透性网络几何形态之间必将产生矛盾，其结果或者是道路被拓宽以满足发生交通流量的需求，或者是该区域走向衰败；而在低整合度网络区域设置过于宽阔的道路断面形式则是一种公共资源的浪费，试图以单纯增加道路宽度或者设置大尺度交通干道的方式提升周边城市活力的做法往往难以达到预期的效果。

第四节　小结

本章借助多种拓扑结构指标，对威尼斯、巴塞罗那中心区、科莫以及青岩这四个城市案例进行了定量化的实证分析。这部分研究对应于第四章所进行的城市案例几何形态分析，两部分研究互为支撑，使一个城市街道网络的形态特征以更完整的面貌得以展现。

利用空间句法 Depthmap 软件，研究可以获得各网络全局整合度以及局部整合度特征指标，同时也可以直观图示该指标在城市地理空间中的分布形态。而利用路径结构分析的异质性图表，则可对各个网络拓扑结构的整体均匀度特性进行量化描述和比较，从而理解该网络的结构构成特性。两种拓扑分析工具的结合使用，最终将拓扑网络整体特性与局部变化统一起来，搭建起一套完整的城市网络拓扑结构量化分析框架。

量化分析方法的使用让每个城市独特的文脉背景对城市拓扑结构所产生的影响清晰的显露出来，从而得以了解哪些因素将最终决定城市网络的结构特性。

从网络连接结构来看，有机形态的威尼斯与青岩网络空间整合度水平较低，反映出这两个网络整体交通连通性与可达性相对较差；而由规划和自然增长混合而成的科莫网络和巴塞罗那中心区网络的空间整合度水平则明显高于有机城市案例，这两种网络都具有格网形态的拓扑结构类型，网络提供了较强的交通通达性能。如果将巴塞罗那拓建区作为一个独立网络分析，就可以看到这种绝对格网化设计的人工街道网络具有所有测算网络中最高的空间整合度值，这也使其成了巴塞罗那中心区绝对的交通核心，但同时过强的整合度水平也使该区域中的老城区以及巴塞罗尼塔区被隔绝成为网络结构中的孤岛。

对各网络的局部整合度以及全局整合度进行相关分析，就可获得它们的可理解性指标。该测算显示出与整合度分析类似的结果，高整合度水平的巴塞罗那网络和科莫网络同时也具有较高的可理解性值，这种具有格网状拓扑结构的街道网络不仅能提供较高的交通连接能力，同时也更易于被人们认知和理解；与此相比，威尼斯和青岩街道网络可理解性比较低，其中威尼斯网络的可理解性值仅有 0.05，呈现出一种"迷宫"式的街道形态。这两个网络的低可理解性由不同的城市文脉背景所导致：威尼斯网络由大量分散的聚落逐渐聚合而成，复杂的局部结构导致了人们在微观空间认知过程中难以获得有关宏观结构的空间提示；而青岩的低可理解性则更多是由于网络结构的转型过程导致的，新涌现的高整合度道路已形成较强的局部空间关联，然而在整体结构中，传统的驿道以及集市周边街网仍发挥着整合度核心的作用，这种局部与整体结构的差异性最终导致了网络理解性的下降。

对应于第 4 章中所提出的网络几何形态异质性指标，网络拓扑结构异质性从拓扑学的角度描述了网络空间构成的均匀（或者不均匀）程度。具有均匀几何形态的网络，可能会在拓扑结构上表现出非均匀的一面；同样几何形态不均匀的网络，拓扑结构可能是均匀的。在案例分析中，巴塞罗那拓建区网络具有最低的拓扑结构异质性指标，这种均一性的格网布局无论在几何形态还是在拓扑结构上都保持了最高的形态均匀度。威尼斯网络具有最高的拓扑结构异质性，高于青岩以及科莫网络，这与几何形态异质性测算情况恰好相反。青岩以及科莫网络尽管在几何形态分布上与威尼斯网络相比更不均匀，但拓扑结构构成却相对更为均质化。

本章研究最后对城市街道网络的拓扑结构特性与几何形态特性的关系进行了探讨。通过比较分析，研究发现在真实城市环境中，街道网络的拓扑结构与几何形态特性会发生互馈作用，并最终形成有机结合的城市机体。这种互馈作用常常以自组织的方式发生，并需要经历长时间的演化过程最终取得动态稳定的网络形态结果。

到本章为止，对于街道网络定量分析研究的具体技术部分已全部完成。整个研究过程被分为几何与拓扑两条线索进行，每条线索都经历了由模型推演、网络样本类型比较最终到结合文脉因素的城市案例实证分析这样逐步深入的研究流程。这些分析为准确描述复杂城市街道网络提供了一套相对完整的描述框架，这为城市研究学者以及设计师们提供有力的城市分析工具，并将所获得的认知同实践设计更好地进行结合。

第七章　城市空间形态的认知意义

"空间不仅仅是人活动的背景，也是人做任何事的内在属性。不管是穿过空间移动，在空间中和其他人交往，或是从一点看向周围的空间，这些都有其自然的和必要的空间几何性。"❶

在前章中，本书提出了对空间形态的物质特征进行描述的方法。但是空间的物质形态特征最终需要通过人的认知过程映射于头脑中，形成对于城市环境的辨识。人是对城市空间进行感知、评价与使用的最终主体。因此仅在物质层面探讨城市的形态特征并不能成为城市特征研究的终点，而应该更进一步理解空间特性在人头脑中的意义，即空间特征同空间的认知性之间的影响关系。

人对街道网络的空间认知是由空间探索过程中一系列的片段感知构成的记忆集合，其过程包括获取周边环境信息；通过人的各种感知器官来捕捉环境特征；把获取的信息存储在大脑中，形成对环境理解的组成部分并创建认知地图。在整个认知过程中，认知地图具有关键作用。认知地图一词由托尔曼（Tolman）根据"白鼠迷宫"实验中提出，随后成了认知心理学研究中的重要环节。1983 年考佩斯（Kulpers）指出，"认知地图是人通过长时间的观察积累起来的大范围环境的主体信息，利用这些信息可以寻找路径和判断各场所之间的相对位置。"❷ 2005 年，道恩斯（Downs）、斯提（Stea）把认知地图定义为"一系列的心理变化过程，包括个人对信息的获取、编码、存储、回忆、解码等。"❸

20 世纪 50 年代后，认知心理学的研究方法被引进建筑设计及城市科学领域。1960 年，凯文·林奇利用访谈、调查问卷和认知地图研究城市空间认知。采用实验的方法对人的空间认知与行为进行研究的想法可以追溯到 20 世纪 80 年代，祖比（Zube）等人在 1982 年以及丹尼尔（Daniel）与维宁（Vining）在 1983 年发表的论文里不约而同地提到了通过对人群的行为进行观察，从而得到研究结论。祖比等人在其定义的"实验范式"中指出在空间认知以及空间行为研究中，对行为进行观察所获得数据真实性与有效性优于仅让人们填写调查问卷等传统的研究方式。然而这些研究学

---

❶ 比尔·希列尔. 场所艺术与空间科学 [J]. 世界建筑，2005，11：24 ~ 34.

❷ Kulpers，B.J.（1983）. The cognitive map：could it have been any other way? In：Spatial Orientation：345-359. New York：Plenum Press.

❸ Downs，R. & Stea，D. Images and environment：cognitive mapping and spatial behavior. Chicago：Transaction Publishers. 2005.

者受制于当时的电脑技术，所构建的电脑虚拟实验环境仅能实现线框级别的场景现实，事实上还不能称为真正的虚拟现实，其所模拟的空间环境无法让体验者获得真实的空间环境体验，然而虚拟环境实验已经显示出在空间认知与行为领域应用的价值。

近20年来，计算机图形技术取得了空前的进步，同时也推动了虚拟现实这一概念由设想迅速步入到实用阶段。尤其是近10年来，虚拟现实在诸多行业中得到应用。同时随着技术进步，虚拟现实设备的拟真感增强，价格逐渐降低，并显示出由专业应用走入普通人生活的趋势。技术的发展也促使在城市与建筑空间领域的实验性研究成为可能，而虚拟现实技术成为当前唯一一种能够以实验的方法深入解析人在城市与建筑空间使用过程中认知与行为机制的方式。首先虚拟现实技术使城市以及建筑这类庞大而复杂的对象可以被置于"实验室"环境中进行解析研究。在虚拟实验室中，自然科学研究中的各种实验分析方法与策略都可以应用于城市与建筑空间分析中。借助实验，研究者可以通过简化复杂的城市与建筑现象，将自然环境中各种复杂要素解析并加以单独分析，而这些通过传统空间研究方法是难以实现的。此外虚拟现实实验是最直接对人群自主空间运动下的主观认知进行测试和研究的方法。人对空间的认知是在行走过程中由一个个片断感知累计构成的记忆之和，同时行为决策也在空间认知过程中扮演了重要的角色。而虚拟现实技术完好的还原了这一认知过程，这使其与传统平面图像分析方法，或者任何一种静态的被动的场景研究方法相比都更接近于认知的根本机制。

在本章中，研究将通过虚拟现实实验方法研究街道网络形态如何影响人空间认知的产生，尝试结合前章建立的网络空间形态描述框架，初步理解各类型形态要素作用于人空间认知过程进而产生认知结果背后的机制。

第一节 虚拟现实实验

一、关于虚拟现实技术

虚拟现实（Virtual Reality）的理念最早在20世纪60年代便由伊万·萨瑟兰（Ivan E. Sutherland）提出，而现代虚拟现实定义最早由杰隆·兰尼尔（Jaron Lanier）于1989年确立，是指利用一系列基于计算机平台的设备，如投影，头戴式头盔，运动捕捉，音响系统，数据手套等，实现由人感知计算机模拟的虚拟环境并进行互动的技术平台。

根据虚拟现实的感知方式可以划分为桌面式虚拟现实平台与沉浸式虚拟现实平台。桌面式虚拟现实环境采用桌面显示系统进行环境体验，这种方式价格低廉，易于实现，然而由于桌面系统缺少人体同环境之间的尺度关系，因此对于环境认知的模拟度较弱。而沉浸式虚拟现实环境是指使用者的感知被虚拟环境所包围。这种虚拟现实体验平台能够提供更好的环境认知拟真度，但技术也相对复杂。近年来，随着技术的发展与普及，沉浸式虚拟现实平台已经被越来越多的研究单位所采用。

沉浸式虚拟现实具有两种主要实施方式。一种是利用多屏投影与环绕式音响为感受者提供包围式感知。其中较为普遍的一种方案就是 CAVE（Audio-Visual Experience Automatic Virtual Environment 音视自动化体验虚拟环境）系统，是由三块以上投影硬幕搭建而成，也可采用5面投影硬幕组建成全包围式的虚拟显示立方体，体验者置身于虚拟投影包围之中，并佩戴立体眼镜获得立体视觉。从而获得逼真的环境感知。另一种实施方式则是头盔式显示器，配合头部运动跟踪器，将感知者的头部位置信息传送回图形工作站，并将相应的场景画面实时渲染传送到显示器之上。同时使用者佩戴耳机获得听觉感知。

借助于计算机多媒体技术，虚拟现实实现了三维互动，可以很好的应用于人的空间认知研究。虚拟现实技术自身的特点包括以下几个方面：

（一）交互性

虚拟现实最为重要的特点就是交互性。通过不同的体验要求与设计效果，体验者可以在体验过程中自由选择行走路径，控制视野方向，进入房间，或者移动物体等。区别于普通的三维动画，体验者不再是单一的接受图像信息，而是能通过自己的主观认知控制影响场景中的内容与情节，并能得到相应反馈。相较于传统单一的视觉体验方式，虚拟现实更能带给体验者身临其境的感受，很大程度上提升了实验的趣味性与真实性。

（二）实时性

虚拟现实技术另一个重要的特点是实时性。场景画面的渲染、信号的输入以及体验者的逻辑判断等都是在程序运行过程中同步进行的。随着计算机技术的高速发展，如今已经可以实现较高质量场景画面的渲染。

（三）沉浸感

虚拟现实技术可以提供给体验者真实的感受，让体验者全身心地沉浸在虚拟环境中，可以体会到"我现在就在这里""我拿着这件东西"等这样逼真的感受。虚拟环境中，视觉、听觉、触觉甚至味觉提供给体验者的感受都可以同在真实世界中一样。虚拟现实技术的目的就是给体验者提供这种沉浸感，三维空间的营造以及体验者在虚拟环境中完成的和真实世界中相同的行为如步行、跑步、跳跃、视线转换、触摸物体等，都将为体验者提供更加强烈的临场感。

虚拟现实的这三个特点，使得借助该技术对人的空间认知研究更为可靠，可以更加直观地观察到街道空间本身对人产生怎样的影响，人在空间探索中如何产生相应的行为模式，建立起物理空间同主观认知之间的关联，因此虚拟现实技术成为空间认知研究的重要支撑。

二、虚拟现实实验平台

虚拟现实实验平台由软件系统与硬件系统两部分构成：软件系统用于实现虚拟城镇场景营造、环境模拟，并控制人与虚拟环境的实时交互行为；硬件系统一方面向使用者输出场景信息，营造出身临其境的虚拟环境，同时也提供了人机交互控制的窗口（表 7.1、图 7.1）。

虚拟现实平台构成　　　　　　　　　　　　　　　　　　　　　　　表 7.1

子系统	功能单元	用途与工作原理
软件系统	Sketch up Autodesk 3ds Max MultiGen Creator	虚拟场景建模软件，生成 *. flt 模型文件
	MultiGen Vega	导入 flt 模型文件并进行场景虚拟环境设置（如日照、天空、控制方式、行为方式、碰撞检测等），最终输出虚拟现实文件
硬件系统	图形工作站	构建并运行虚拟现实场景。对于 3D 虚拟现实模拟，需配备具有三维立体信号输出和同步功能的专业图形卡
	显示设备	三屏投影仪 帧序列 / 上下分屏 3D 同步功能
	3D 眼镜	主动式 3D 快门眼镜，获得立体视觉
	控制设备	负责体验者同虚拟现场景的交互动作，可采用鼠标键盘、游戏手柄和专业飞行摇杆及手套等设备

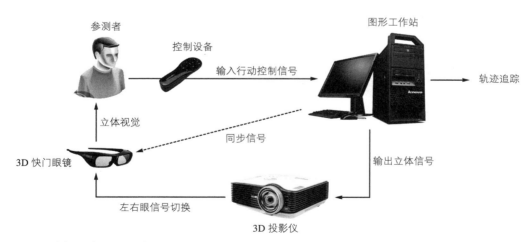

图 7.1　虚拟现实平台硬件系统工作流程

在软件方面，本研究选用了由美国 Multigen-Paradigm 公司开发的 Creator+Vega 软件工作流程。目前该套软件已成为相对成熟的业界标准，与其他 CAD 以及 GIS 软件平台均有成熟的数据转换以及衔接方案。在硬件方面，利用专业图形工作站连接

投影仪进行视频回放和交互控制。虚拟环境通过
三屏投影仪被投射到超宽屏投影屏上（图7.2）。
主动式3D快门眼镜与操控设备为体验者提供
了浸入式3D立体视觉及虚拟现实场景实时交互
体验。

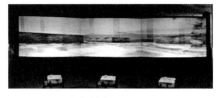

图7.2 三维立体投影仪

利用这一虚拟现实实验平台，可以营造任意
特性的虚拟城镇环境供参测者进行空间体验，从而展开对城市空间主观认知的研究。

第二节 虚拟环境认知实验

为理解城市网络空间形态各指标的认知意义，研究设计虚拟现实实验，获取人
们在空间探索过程中对网络形态的认知反馈。首先选定实验样本，并进行虚拟场景
建模。相比于在真实环境中多种因素相互混杂并同时作用于体验者，虚拟实验的优
势既在于可以对真实场景进行有目的的简化。因此虚拟现实实验中的场景构建的关
键并非要事无巨细的模拟真实，而更重要的是围绕研究核心对象进行建模。在本次
虚拟实验中，虚拟模型可以仅保留实验样本的空间形态要素而忽略其他干扰因素，
从而确保真实环境中建筑样式、道路标识、人群活动、标志物等非空间要素不会影
响体验者在虚拟空间漫游过程中的空间认知结果。实验招募参测者体验虚拟场景，
在多个虚拟环境间进行比较并通过问卷反馈主观判断。研究通过对主观反馈结果进
行统计分析解读网络空间各形态特征对人认知的影响。

一、实验样本

实验在前章进行过定量分析的城市样本中截取了三个街道网络作为构建虚拟实
验场景的原始素材，它们分别为来自意大利威尼斯的两个街道网络片段 [圣马可广场
区域（网络 A）和里奥托区（网络 B）] 以及来自中国贵州青岩的街道网络（网络 C）
（图7.3）。其中圣马克广场区与里奥托区分别为威尼斯的政治核心区与商业核心区，
代表了欧洲中世纪传统城市街道肌理；而青岩则代表了中国的传统城镇聚落街道肌
理。三个城市样本具有相近的总体尺度规模和街道平均宽度，同时具有共通的特
性——经由自然增长过程形成的不规则的城市网络形态。通过设置这样一组实验场
景并进行认知比较，尝试验证以下问题：

1. 街道网络空间形态特征是否是影响人的认知体验的一个重要因素？人们能否
通过空间形态辨识不同城市？

2. 人在运动过程中，是如何形成城市空间记忆并作出判断的？

（a）网络 A：以威尼斯圣马可区为原型　　　（b）网络 B：以威尼斯里奥托区为原型　　（c）网络 C：以贵州青岩镇为原型

图 7.3　三个虚拟城市街道网络平面图
（图片来源：作者自绘）

　　如果依据真实样本构建实验场景，显然人们首先会对样本中中西建筑样式进行辨识并进行聚类判断，但这样一来也便难以解读空间形态在认知过程中起到怎样的作用。因此本实验中城市样本经过空间抽象转化为实验场景，需要消除真实城市中建筑样式、街道断面尺度、城市标识等非空间因素的差异对认知的影响，从而专注于解析"网络空间形态"的认知意义。因此，实验在三个样本网络肌理之上重新塑造新的城市街道空间系统：以相同建筑高度构建街道界面，使三个网络具有相近的街道断面平均高宽尺度；街道界面被赋予相同的建筑样式，使不同地域城市的建筑风格差异可被忽略。至此，实验创造出一组虚拟实验场地，原网络中所有与研究无关的因素均被去除，而仅保留了网络的空间形态特征（图 7.4）。参测者最终将体验这些虚拟实验场地，并反馈过程中的空间感受。

（a）网络 A　　　　　　　　　　（b）网络 B　　　　　　　　　　（c）网络 C

图 7.4　虚拟试验中，三个网络被赋予相同的街道界面建筑样式，使参测者仅能通过漫游感受网络空间的差异对三个网络进行识别判断
（图片来源：作者自绘）

实验之前，首先利用第六章定量分析框架对 A、B、C 三个网络的空间形态特性进行描述，以定量的方式标定网络的空间形态特征，从而同随后进行的主观实验结果进行比较，理解形态与认知结果的关联。定量描述围绕网络的拓扑与几何两方面形态特性展开，其中拓扑特性描述了网络路径的空间构成结构和相互邻接关系，而几何特性则描述了网络的尺度和形状，这两方面特性共同决定了网络的整体空间形态。

（一）网络拓扑形态特性

由于来自于威尼斯城市样本的网络 A、网络 B 在实验中被作为独立的网络片段，因此其网络拓扑形态的计量不同于在整体网络中的局部区域，而有必要作为独立网络重新测算。通过拓扑形态分析，可获得的三个网络的轴线与路径结构图（图 7.5 ~图 7.7），并计算整合度（integration）、可理解度（intelligence）以及拓扑异质性指标。基于空间句法理论的相关描述，网络的可理解度指标基于网络全局与局部整合度的一元回归分析而得，是对同一网络局部与整体关系的衡量，它将会表征网络空间可辨识特性。可理解度低，则网络道路如迷宫般不易辨识，反之网络道路易于辨识。而对于这一理论判断也将通过本次实验进行进一步验证。从图 7.8（a）所示网络可理解度特征值图表可见，三网络可理解度均存在明显差异，其中网络 C 的可理解度值最高（0.71），而网络 B 可理解度值最低（0.21），网络 A 介于两者之间（0.5）。基于空间句法理论判断网络 C 空间方位辨识性更强，而网络 B 的空间最接近于迷宫形态，网络 A 则介于二者之间。尽管网络 A、网络 B 的空间原型均来自于威尼斯，且其网络可理解度均低于青岩街道网络，但可以看到该城市中不同网络片段呈现出网络迷宫特性的差异依然相当显著。

另一个网络拓扑形态特征描述则通过路径结构分析获得，通过异质性、递归性以及规则性三个指标构建异质性图表标识不同网络拓扑连接结构的特征性差异。三个样本的异质性特征值分别为网络 A（Rec=0.08，r=0.57，Het=0.35），网络 B（Rec=0.08，r=0.51，Het=0.41），网络 C（Rec=0.07，r=0.67，Het=0.24）。在异质性图表中，基

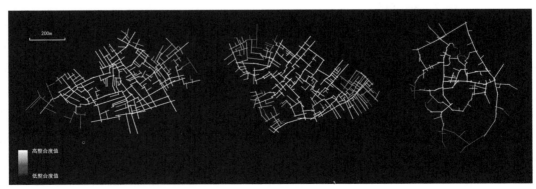

（a）MapA 以威尼斯圣马克区为平面原型　　（b）MapB 以威尼斯里奥托区为平面原型　　（c）MapC 以青岩为平面原型

图 7.5　三个实验样本的全局整合度轴线分析图示

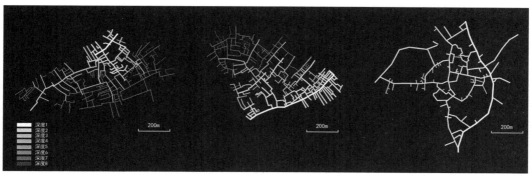

（a）MapA 以威尼斯圣马克区为平面原型　　（b）MapB 以威尼斯里奥托区为平面原型　　（c）MapC 以青岩为平面原型

图 7.6　三个实验样本的局部整合度轴线分析图示

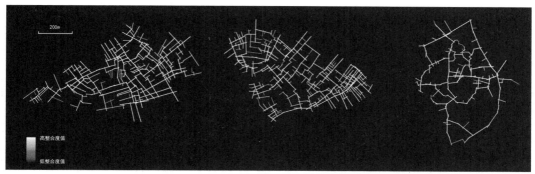

（a）MapA 以威尼斯圣马克区为平面原型　　（b）MapB 以威尼斯里奥托区为平面原型　　（c）MapC 以青岩为平面原型

图 7.7　三个实验样本的路径结构分析图示

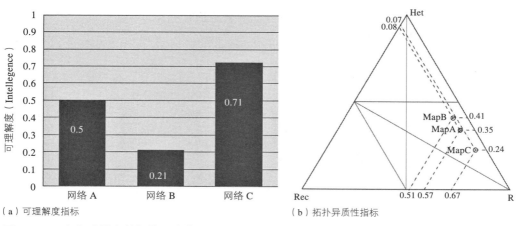

（a）可理解度指标　　　　　　　　　　　（b）拓扑异质性指标

图 7.8　三个实验样本的拓扑形态指标

于威尼斯街道网络原型的网络 A 与网络 B 特征点分布相对更为接近，与基于青岩街道网络的网络 C 相比主要体现为网络具有更高的异质性，而规则性相对较低，但三个网络的递归性特征均比较接近。

157

（二）网络几何形态特征

　　使用第六章所建构的网络密度特征图表对三个样本网络的几何形态特征进行描述，分别计量其网络面密度指标（N_a）及网络线密度指标（N_l）（图 7.9），并通过密度图表对三个网络的特征点进行图示（图 7.10）。网络 A 密度特征值 N_l=0.039、N_a=0.43，网络 B 密度特征值 N_l=0.044、N_a=0.42，而网络 C 密度特征值 N_l=0.017、N_a=0.2。在网络密度图表上可以明显看到基于威尼斯街道系统的网络 A 与网络 B 特征值分布更为接近，二者之间差异明显小于同基于青岩街道系统的网络 C 的差异，且其网络线密度与面密度均高于后者。在网络几何形态特征方面，基于威尼斯的两个网络的特征共性是非常明确的，呈现出一种细密的路网形态。

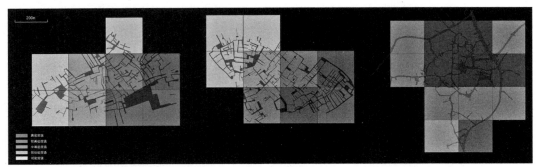

（a）MapA 以威尼斯圣马克区为平面原型　　　（b）MapB 以威尼斯里奥托区为平面原型　　　（c）MapC 以青岩为平面原型

图 7.9　三个实验样本的网络面密度分析图示

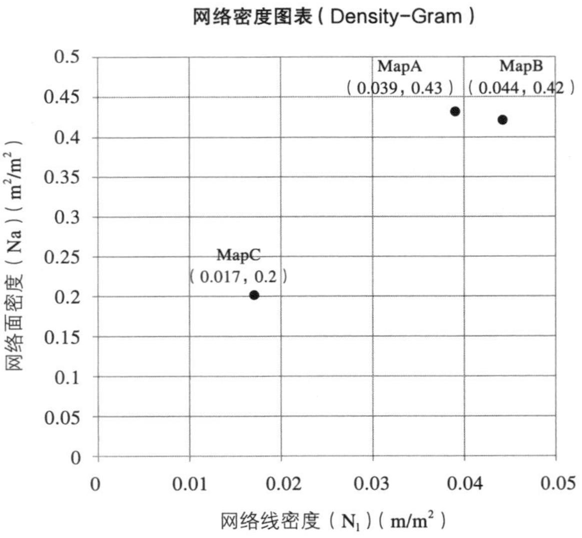

网络密度图表（Density-Gram）

网络面密度（Na）（m²/m²）

MapA（0.039, 0.43）　　MapB（0.044, 0.42）

MapC（0.017, 0.2）

网络线密度（N_l）（m/m²）

注：（a）MapA 以威尼斯圣马克区为平面原型，（b）MapB 以威尼斯里奥托区为平面原型，（c）MapC 以青岩为平面原型

图 7.10　通过网络密度图表识别三个网络样本几何形态特征（a）（b）（c）

　　通过对三个实验网络样本的拓扑与几何形态分析，可以看到在网络异质性及网络密度特性方面，以威尼斯街道为原型的网络 A、网络 B 具有相近的形态特征，而与以青岩街道为原型网络 C 差异明显。但在可理解度方面，三网络彼此间均存在差异，其中网络 C 最高，而网络 B 最低。在接下来的虚拟现实实验中，我们将进一步检视这些网络形态特征差异是如何在空间使用者的主观认知中得以反映的。

二、实验过程

（一）认知体验方式

　　实验招募参测者进行虚拟环境体验，依次体验 A、B、C 三个实验场景，但不向参测者透露实验场景的原始样本信息，即进行盲测。实验过程中，参测者佩戴 3D 立体眼镜，操作控制设备在虚拟环境中进行漫游（图 7.11）。实验开始前参测者被要求尽量去记忆街道结构，他们在空间体验过程中可自由选择路径。每个实验场景体验时间控制在 10 分钟。这一时长对于大多数参测者基本可以遍览每个虚拟环境，并保持对各场景较明确记忆。

图 7.11　虚拟现实实验现场

（二）调查问卷

　　认知体验完成后通过填写调查问卷（图 7.12）方式获取参测者主观感知信息。问卷首先通过问题测试参测者在体验具有相同建筑样式的街道网络时是否能够识别其空间形态上的差异；此外问卷还要求参测者通过有限词汇反馈其主观感受，从而通过语义解析理解参测者依据哪些形态特征进行空间识别。问题设置简明，以避免对测试者产生暗示与误导。问卷问题如下：

　　（1）不能分辨三个街道网络空间差异性；

　　（2）三个网络中，网络__与另外两个网络明显不同，该网络更__；

（3）三个网络空间感受各不相同，其中网络 A 更__，网络 B 更__，网络 C 更__；

参测者将在三项中钩选最符合自己空间认知的一项，并简要描述主观感受。实验最终共招募参测者 74 名，获得有效反馈问卷 72 份。

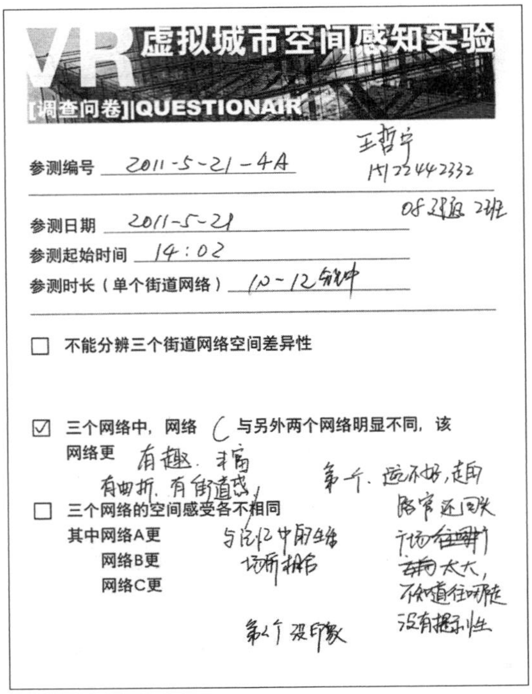
VR 虚拟城市空间感知实验

[调查问卷]|QUESTIONAIR

参测编号 2011-5-21-4A

参测日期 2011-5-21

参测起始时间 14:02

参测时长（单个街道网络）10~12 分钟

☐ 不能分辨三个街道网络空间差异性

☑ 三个网络中，网络 C 与另外两个网络明显不同，该网络更 有趣、丰富、有曲折、有街道感

☐ 三个网络的空间感受各不相同

其中网络A更

网络B更

网络C更

图 7.12　参测者在测试结束后填写调查问卷

第三节　实验结果分析

表 7.2 所示为对参测者提供的问卷选项统计分析结果。可以看到，47% 的参测者（最大部分参测人群）认为街道网络 C 与网络 A、B 不同，即以威尼斯街道为原型的两个网络彼此相近，而以青岩街道为原型的网络与二者具有明显差异，这一部分参测人群的认知感受与此前量化研究中网络异质性及密度特性两项指标的分析结果相一致。

同时从表 7.2 中也可以看到，另有相当一部分参测者（35%）认为三个网络之间各不相同。他们在体验过程中进一步感知到网络 A、网络 B 在空间上的差异性，而这种差异性也在此前网络可理解度指标分析中有所体现。尽管这两个同来自于威尼斯的街道网络在整合度以及网络密度两方面特性更为相似，然而它们之间仍存在一定形态差异，并会在一定程度上左右人对网络空间的阅读与判断。

上述两组人群选项的聚集表明了参测者在网络体验过程中能够形成某些空间认知共识，而这些共识与此前对网络形态的量化分析结果具有相应的关联。这一实验结果首先证明了人在城市认知过程中不仅会通过建筑的样式、街道的高宽尺度等直观因素形成城市印象，同时也会在运动过程中从更大尺度范围感知街道网络空间形态的差异，并形成对城市的整体性记忆。

实验调查问卷选项统计　　　　　　　　　　表 7.2

选项	选项内容	选择人数	各选项所占比例
1	● 三个网络没有差别	2	
2	● 网络 A 与另外两个网络明显不同	4	
	● 网络 B 与另外两个网络明显不同	7	
	● 网络 C 与另外两个网络明显不同	34	
3	● 三个网络各不相同	25	

在对参测者选项进行统计分析后，进一步解析这种认知产生的过程。表 7.3 归纳了参测者对网络空间形态特性的描述，这些描述反映出人进行网络空间特征辨别时所使用的主观依据。问卷中一些参测者对于同一实验网络给出了近似含义的描述，这些描述被归纳为同类项并进行频率计数。研究最终将所有描述词汇根据出现频率排序，并划分为几何性描述、拓扑性描述与综合性描述三大类别。通过分析参测者的主观描述可以总结出人在网络中空间认知行为具有如下特点：

（1）人们更多会根据几何形态特征对网络进行识别和记忆。可以看到在描述统计中，无论对任何一个网络，采用几何性描述的频率均远高于拓扑性描述的频率。同时参测者在对网络几何形态进行描述时，多使用"路径短促""分支多"等具象的词汇；而在对网络拓扑结构进行描述时，则多采用诸如"清晰""易迷失"等概括性、抽象性的词汇。这表明在空间体验过程中，网络的几何形态特征（如尺度、形状、方位）易被人直观感知，并在头脑中形成具体的城市印象。而网络的拓扑结构的认知则是在空间经历过程中以抽象方式对人的空间记忆施加影响，最终形成整体性抽象化的城市感受。

（2）观察者对网络空间几何形态的变化具有很高的敏感度。网络几何形态特征描述大体可分为三类：第一类是与此前网络密度计量相关的描述，如"路口少、节点远""路径短促"等；第二类涉及网络路径的形态，如"路径平直""曲折""转折明确"等；第三类则描述了网络的微观形态变化，如"尺度一致""宽窄相间""宽窄变化大"等。这些主观描述显示出，空间体验者能够感知并记忆细微的网络几何形态变化，而这些变化在传统以平面图分析为基础的网络研究中往往被忽视。当前在城市街道网络空间形态研究领域，除密度指标外，网络几何形态的其他复杂变化仍缺乏有效的量化描述手段。上述实验发现一方面显示出城市空间几何形态描述方法的不足，同时也为今后该领域研究提供了方向。

（3）参测者的拓扑性描述主要涉及网络的易辨识程度，其空间判断与可理解度指标紧密相关。这也进一步解释了在问卷选择时，为何相当一部分参测者认为三个网络各不相同。从参测者所使用的描述词汇可以看到，对于具有最高可理解度的网络C，大部分参测者认为其"方向感更好"，同时网络"清晰"；对于最低可理解度的网络B，人们则普遍认为其"易迷失"，并"多死胡同"；而对于可理解度指标介于二者之间的网络A，认为其"易迷失"与认为其"导向性强"的参测者人数彼此相近，形成两种相互对立的看法。此外，网络可理解度指标的高低同时也影响了人们对网络空间的综合感受。对于"高可理解度"的网络C，人们更多使用诸如"有趣味""空间丰富"等积极词汇描述其总体空间感受；而对于"可理解度较低"的网络A与网络B，人们则更倾向使用"压抑""无趣味"这样的消极词汇概括体验过程。

调查问卷中网络主观描述归纳统计表　　　　　　　　　　表 7.3

	网络 A		网络 B		网络 C	
	出现频率	描述	出现频率	描述	出现频率	描述
几何性描述	11	路径短促	7	分支多	14	路径连续
	7	节点均匀	6	路径短促	12	路口少，节点远
	5	尺度一致	3	宽窄相间	9	尺度舒适
	4	路径平直	2	路径平直	7	曲折
	3	曲折	2	曲折	5	宽窄变化大
	1	路径连续	1	密度高	2	边界不齐
	1	密度高			2	平缓
					1	转折明确
					1	密度低
频率总计	32		21		53	
拓扑性描述	6	易迷失	7	易迷失	7	方向感好
	4	导向性强	5	多死胡同	3	清晰
	1	无提示性	2	稍有辨识性	1	连通性不好
频率总计	11		14		11	
综合性描述	3	无趣味	4	压抑	10	空间丰富有趣
	2	压抑	2	无印象	5	空间感受好
			1	真实	1	可见性好
					1	空间感受差
频率总计	5		7		17	

相比于可理解度指标，在实验所反馈的特征描述中没有显现出与网络异质性特征具有明确关联的词汇。对于这一结果，亦可进行推论：网络的异质性特征体现在全局性的空间连接之中，相较于网络几何形态特征，其在认知过程中难以反映为具体的空间景象，因此较难通过空间记忆进行描述再现，但尚不能因此论证该拓扑形态特征没有在参测者网络识别选择中产生一定的可感知的影响。

虚拟现实空间认知实验结果首先确认了街道网络形态能够直接影响人的城市认知。同时研究通过对参测者主观描述的分析，初步解读了这种空间认知产生的主观过程，以及本书所建构的街道网络空间形态描述框架下不同类型特征是怎样在认知过程中影响人形成一个街道网络的空间记忆。该实验使我们认知的视角再次审视街道网络空间形态的意义，这一方面将促进城市空间形态分析技术的深化和拓展，同时也可作为参考依据用于城市街道空间设计之中，使城市空间更加舒适和人性化。

第四节　小结

无论是城市研究，还是城市设计，尽管其分析和操作的对象都是客观存在的物质实体，但最终的服务对象都是"人"这一主观群体。因此如何在城市客观环境研究中，引入"人"的因素，一直是研究学者们所关注的焦点。虚拟现实实验可以认为是当前从人的角度开展空间形态研究最有效的工具。首先人对街道网络的认知是人在行走过程中由一个个片段感知构成的记忆集合，同时行为决策也在空间认知过程中扮演了重要的角色。而虚拟现实技术完好的还原这一认知过程，这使其无论与传统平面图分析方法，或者任何一种静态的被动的场景研究方法相比都更接近认知的本质；其次虚拟现实实验在某些方面更优于真实环境下的测试，因为其可针对聚落或建筑物这种庞大而复杂的对象开展解析实验，纯化和简化复杂的城市现象，将自然城市环境中各种复杂要素解析并加以单独分析。而这些通过传统城市空间研究的方法是难以实现的。

第七章通过一个基于虚拟现实技术的城市空间实验，展示了如何应用该技术在空间物质形态描述与人的主观认知之间建立起关联，这也进一步明确了第六章所构建街道网络空间定量描述的意义。实验结果证明，人不仅会通过对空间形态特征的识别形成城市印象，同时不同类型形态特征是以不同方式在人的认知过程中产生认知结果的。尽管本章所开展的实验仍较为初步，但其为研究者理解城市街道网络各类型形态特征提供了重要线索，同时也为城市设计过程中如何控制各类型形态指标从而形成良好可认知的空间环境提供了方向。

第八章　结论

回顾近代以来的城市规划历史可以看到，人们曾经试图追寻一种理想化的普适城市形态模式，但近一百年来理论与风格的不断更替使我们了解到，并不存在一种永恒的"理想"城市。曾经被推崇备至的某些城市形态，在不同时代背景和城市环境下，则有可能饱受质疑和批判。现代主义的先驱曾经将自然形成的有机形式的街道网络斥之为"驴行的道路"，而在此后新传统主义的思潮之下，学者和设计者们却对这种随机的形态偏爱有加，竭尽所能为这种街道形式正名，并在设计中尝试追寻传统的画境；与此相反，现代主义时期以交通效率为主导的城市干道交通系统在现代学者看来却成了萧条的反城市的产物，那些更具人性化尺度的城市街道空间场所则成为设计师们更为青睐的范本。人们对于城市形态的选择随着对城市系统理解的深入不断发生着变化，而随这一变化过程不断增强的则是人们对于城市形态的描述能力。事实上对于一种城市形态，人们不论是批判它，还是对其进行模仿复制，首先需要能够准确全面的描述这种形态对象的属性和特征，这是确保在城市设计过程中结果同意象相吻合的必要前提条件。

因此本书的研究正是要跳出对"理想"街道形式进行论证的洪流，而专注于城市街道网络空间形态的具体分析方法。论文以具有城市场所性的街道空间作为研究的起点，尝试理解人们是从哪些方面认识街道网络的，并以此为基础探讨对网络空间形态特性进行全面精确定义和描述的技术手段。通过对大量城市样本的分析，研究建立起一套具有普遍适用性的网络形态定量分析框架，并以此作为对未来设计实践进行引导和修正的基础。

第一节　研究结论

一、在量化分析技术下，不同类型城市网络呈现出具有差异性的空间形态特征指标

本书将量化分析技术应用于 12 个局部网络样本空间形态特性的比较分析中，这 12 个网络样本分别选自四种城市肌理类型，代表了城市发展历程中四个阶段所形成

的典型城市形态模式。通过对不同城市肌理类型的比较研究，本文验证了分析技术对于形态类型特征的有效识别能力，同时以一种比传统分析方法更为准确和直观的方式，揭示出各种网络类型内部以及类型之间的形态关系。

　　量化分析结果显示，四种城市类型中，城市历史核心区类型（A 类型）街道网络表现出最为典型化的形态特征。无论是来自希腊的样本还是来自于北非的样本，无论是在网络密度图表还是在整合度或异质性图表中，这些样本的特征点都会更为集中的出现于图表中的特定区域。尽管仅通过对平面图形的直观观察，无法从这些网络样本中寻找到形式上的规律。但是量化分析显示，这些曾被人们误解为无规则、杂乱的网络类型，事实上却具有最强的形态共性。而它们所表现出的这种形态共性是在人们认知城市空间的过程中可以被感知的。尽管人们无法确切地用词汇去描述这些城市的自然形态特征，但是人们却可以在城市空间体验过程中轻易地将这种有机的城市肌理识别出来，而这种识别性往往超过对现代任何一种规划设计风格的识别。

　　城市网络样本类型中的另外三种类型都属于人为规划或者自然网络同规划网络混合的样本类型。这其中格网形态街网样本（B 类型）相对而言自身类型特性更强，并表现出迥异于有机网络样本的形态属性。格网街网样本的形态共性更多是表现在拓扑结构属性与网络整体构成的异质性程度方面，其普遍具有极高的网络通达性能以及更为均质化的空间布局特征。这主要是由于这种类型网络简单的构型机制以及明确的功能目标设定所决定的。在空间认知方面,这种网络类型也是十分易于辨认的，尽管由于设计师的主观差异不同的格网会存在尺度的不同，但是对于大多数城市使用者而言，直观的结构特征已足以使人们轻易的获得明确的街网空间印象。

　　另外两种街网类型（C 类型与 D 类型）的空间形态特征则表现出显著的不确定性：尽管样本中的一些网络具有相同的设计理论背景，在手法上采用了类似的形式，并在平面图形上显示出某种形式上延续性，然而空间测算的结果却说明它们的空间形态特征并无关联。一些网络样本的某些形态特性与传统街区类似，而另一些样本则更接近于格网街网。简而言之，这些街道网络"因人而异"——其空间形态属性主要由设计师们的个人主观判断所决定。传统设计流程中并未提供有效全面的网络空间形态描述工具对设计结果进行系统化的参考和评价，因此设计师在设计中更多针对直观的图形形式进行控制，而对网络复杂的和潜在的空间形态属性缺乏有效的干预手段。事实上，规划形成的网络空间形态更多依赖于设计师们在图板绘画过程中的偶然得之，于是不同网络便体现出随机性的空间特质，甚至同一设计师在不同情况下所进行的设计也可能不尽相同。这也恰恰印证了亚历山大所感叹的现代城市中"整体性"的"不复存在"。❶ 这种整体性的消失，事实上不应归咎于设计师主观意识的缺失，而更应归结为以往对于空间形态的认知不足。

---

❶　亚历山大 . 城市设计新理论 [M]. 陈治业，童丽萍译 . 北京：知识产权出版社，2002：2.

二、城市街道形态的空间布局同城市功能演化存在直接关联

研究所建立的网络空间形态量化分析方法还被应用于威尼斯、巴塞罗那中心区、科莫和青岩四个城市案例中，在不同城市文脉背景下，对各个网络的空间形态涵义进行解析。

在大多数城市案例中，无论是几何形态特征分析还是拓扑结构分析，都如实反映出各个整体城市网络的空间构成模式，并将网络空间的物理特性分布与城市的功能分布联系起来。城市功能活动的密集区同时对应于网络几何密度与结构整合度指标分布的峰值区域。这些案例中城市网络特性所呈现出的由中心向周边自然过渡的有机圈层形态，反映出自组织机制下形成的作为整体运作的功能分布模式。在城市中，网络空间就是将物质实体与功能运行联系在一起的纽带。只有靠空间对建筑物的包容，城市才能形成一个连续的系统。因此说，网络空间形态的分布变化也就是对于城市机体运行规律的直观反映。

然而我们也可以看到一个相对特殊的城市案例——巴塞罗那中心区。在这个网络中可以看到三个相对独立的子网络系统，它们分别产生于不同的文脉背景之下，并以一种拼贴的方式结合在一起构成城市的中心区。在这个案例中，不再能够看到连续过渡的城市网络肌理，而是三个形态特征迥异、结构不连续、相互隔离的独立网络区块。这种城市形态正是人工规划控制介入城市发展过程所产生空间结果。巴塞罗那拓建区作为一个强势的网络空间结构将原城市肌理团团包围，统治了整个地区，并在同时扼杀了原有城市网络的生长趋势。由于在空间上渗透性和通达性方面的巨大差异性，老城区网络不再能构成整体网络中的有机组织，因而成为城市中相对封闭的孤岛。这也导致老城区在城市功能上不再发挥整体性作用，而成为以旅游、餐饮、时尚商业为主导的专门型城市区域。

三、城市街道网络拓扑结构与几何形态之间具有明确的相互作用关系

通过对各城市案例拓扑结构分布特征与几何形态分布特征进行比较分析，研究提出在城市进程中两种类型形态特征之间存在着互馈作用，二者彼此相互影响并达到空间的同步。而这种同步的过程则是通过城市自组织功能在长期的过程中最终实现的。

所谓有机城市形态的概念就在于城市对象的每一种特性都是互相影响、互为依存，并形成空间逻辑的合理性。而街网拓扑结构与几何形态之间的作用机制正是催生网络形态有机性的一个重要过程。在对城市案例的空间特性进行比较分析时可以发现，高整合度一般也会导致高网络密度，而高网络密度也有可能反馈作用于网络拓扑结构之上，激发新的拓扑连接出现，使该地区的整合度水平被进一步提升。需

要说明的是，这种互馈作用并不是无限循环进行的，当街道网络的物理形式同功能需求达到平衡，作用便会自然停止。直到新的刺激因素加入导致系统再次出现不平衡状态，互馈反应才会重新启动。

研究最后指出：无论对于自然增长的有机城市，还是对于人为设计的规划城市而言，网络拓扑特性与几何形态特性之间的合理匹配都是城市功能顺畅运行的一个必要条件。网络整合度高而密度低的街道系统中必然存在空间内部的矛盾冲突，其结果将导致是网络物理形态的改变；相反，某些网络整合度偏低但几何形态被人为加强的网络也并不能在城市中发挥交通核心的作用，带来的仅是环境资源的浪费。有机城市通过城市自身调节和筛选机制对网络内部拓扑与几何特性进行整合，在人工规划的城市中，网络两种特性的匹配则有待于设计师的合理配置。网络空间形态的量化描述技术为这一过程提供了有效的数据支持。

第二节　研究的应用领域及实践意义

本书是一种设计型研究，以为城市规划行为提供设计依据和技术支持为最终目的。研究主张一种建立在准确认知基础上的城市生成过程。只有更全面地了解设计对象的特征机理，才能够在设计中进行更具开放性的创新。因此此前本书的内容着墨于如何建立起针对街道网络空间形态的描述技术，而以下则是将这些技术引入现有实践方式的具体做法。

一、城市分析

本书提出了一系列的概念和方法来辨别、分析和表现不同类型的街道网络、城市布局等。这包括网络密度分析、空间句法分析、路径结构分析，以及相应的密度图表、街道高宽关系表、轴线图示、整合度图表、几何以及拓扑异质性图表等图形化分析工具。它们最基本的应用在于对城市街道空间网络的形态进行有效的辨识。借助这些工具和方法，城市研究者可以在进行城市类型学比较分析，或者城市内部结构分析过程中获得更为准确的数据化支持，从而得以深入认知复杂城市系统内部的有机形态变化机制；对于城市设计师而言，量化方法的应用有助于在环境文脉分析过程中获得更完整丰富的城市背景信息，并进而制定控制规则和应对措施。

二、城市设计

本研究对于城市设计的意义主要体现在两个方面：

　　首先，本文所提出的量化指标可被引入城市设计导则中与街道类型以及布局结构（街道网络形态）相关的部分，这将使现有的设计导则在传统词汇定义描述以及图示描述方法之外，拥有一种更为精确同时具有开放性的描述手段——特征指标量化描述。传统的词汇描述方法对于形态特征的界定过于含混，难以准确把握，在设计过程中易导致"千人千面"的结果；而图示表述可能带来过多的限制，阻碍创造力的产生。利用形态量化指标作为导则控制条件，可以在准确控制核心特性的前提下充分鼓励多样性形式结果的发展，使城市设计从起步阶段可以被导入更明确的方向。

　　其次，量化分析技术也为城市设计者们提供了有力的网络空间形态参数化设计工具。借助于由多变量共同构建的形态控制体系，设计师可以任意从几何形态或者拓扑结构入手，对街道网络进行塑造。量化的指标使设计人员可以准确地预测设计成果所能获得的具体空间特征。无论是对文脉的延续或是拓展设计，还是在已有城市肌理中进行介入，抑或在完全自然的基地上进行全新的建设，利用本研究所提供的技术方法，都可以帮助设计师在方案深化过程中确保其更准确沿着既定目标前进。

三、对设计方案进行评价与论证

　　本研究所提出的分析技术方法的另一重要的实践应用就是对设计方案进行评价和论证。在以往城市设计方案的评价过程中，主要依靠设计人员的经验和主观意识对一个方案与环境的结合情况、方案内部的布局合理性、空间尺度的延续性等多方面特性进行评价。然而人对于图形和空间的判断能力是有限的，对于城市网络这种规模庞大构成复杂的系统性对象更是难以获得清晰的概念。即使是有经验的专业设计人员也不可能单纯通过平面图纸了解整个网络的尺度形态情况，更不可能确切的判断全局网络的拓扑连接特性。因此这种传统的评价过程更多成为评价者对形式感受主观好恶的抉择。

　　然而借助于量化指标，一个方案所实现的各方面空间特性都变得直观可见，而其是否满足城市文脉、设计导则、开发目标，以及概念命题等多方面的标准也都有章可循。例如利用网络密度图表、街道高宽比图表，一个方案整体的几何尺度特征，以及该特征与周边城市区域或其他案例的比较关系都可以被精确地表述出来，同时网络内部的变化范围和动态趋势也均可以通过准确的参数进行描述；而借助整合度图表、轴线图示以及拓扑异质性图表等网络拓扑结构分析工具，方案拓扑结构的内外部空间连续性，以及拓扑结构分布与方案功能配置的相关性以触手可及的直观方式呈现。量化指标的引入，对于方案的评价成为一种科学式的判断，使结论更为客观可靠。

四、在历史城市街区保护和更新中发挥作用

　　一般来说，历史上留存下来的城市往往是经过漫长的自然演化过程形成的有机

形态城市，这些城市通常具有无规则的街道空间形态和富于变化的空间布局形式。利用传统城市分析方法，对这种类型城市空间形态特征进行描述会感到力不从心。无论是用原始的语言描述方式、还是用类型学分析方法，这些历史街区空间所表现出的无序性都难以用某种明确的概念去定义。人们珍视这些历史留下来的宝贵遗产，但由于对它们缺乏足够的认知，因此在城市新的发展进程中对于这些传统街道网络显得无能为力。如果不能成为城市的有机组成部分，尽管街区的物质实体被保留下来，只能沦为一具垂死的躯壳。事实上在现代的欧洲不乏这样的实例，由于新的城市拓建区在形态尺度和拓扑结构上的交通功能过于强势，难以同老城形成有机的过渡，因此中世纪的街区逐渐成为被隔离的孤岛。缺乏有效的连接性使得当地居民逐渐搬离这一区域，而传统街区只能被作为旅游景点和附带商业功能使用。通过一个简单的现象就可以识别这些街区所面临的窘境，每到夜晚，传统城区几乎空无一人，仿佛一座死城。而同样的历史城市在中国所面临的困境可能更为窘迫，大批老的街区由于无法承载新兴的城市功能而被拆除。

本书的研究为我们提供了一套更深入了解这些历史城市街区的方法。借助分析可以看到，这些表面上无规则的网络图形，其内在空间形态特征却是非常明确的，这种街道网络类型所具有的空间共性甚至高过任何一种规划设计的城市平面类型。可以看到的是这种街道网络有机连续的空间布局特性，正是这种有机的连续性赋予了这些城市整体性的空间活力。因此保护城市历史街区，不应仅保护这些街区的物质实体，更应保存它们在整体城市组织中的有机活性，使一个活的城市肌理可以延续下来。

第三节　结语——回到科学

在这里，本书借用比尔·希利尔的一句号召——"回到科学" ❶——作为全篇的结语。曾经，城市被称作人类最宏大的艺术作品。早期的学者和建筑师们更愿以一种美学的视角去审视我们生存的城市环境。然而，随着对城市认知的深入，人们越发感到城市的复杂程度已经超越任何一种艺术形式，并已经远远超出人们艺术化创作行为所能控制的范畴。在今天，随着城市的复杂性不断的增强，我们或许应该开始以一种更为科学化的视角去分析城市，理解它的形态规律，理解它的空间逻辑。目前随着计量科学、拓扑学、分形理论、复杂系统论等纯科学理论不断渗透入城市研究中，城市研究的未来发展趋势已经愈发明显。尽管直至今日，人们所憧憬的"理想城市"仍未实现，然而由科学所引导的城市研究与设计，将使人们向着这一目标坚实的迈进。

---

❶　段进，比尔·希利尔等著.空间句法与城市规划[M].南京：东南大学出版社，2007：39.

附　录

不同采样格网位置布置方式对城市整体网络密度分析研究的影响。

研究应用两种不同格网位置布置方式对巴塞罗那中心区网络进行密度采样分析，图9.1（a）所示为沿正东－西方向排列采样格网，图9.1（b）为沿东北-西南排列采样格网。通过对两种采样方式下网络密度数据集[图9.2（a）、（b）]进行比较分析发现，不同格网设置测量结果的分布模式表现出统计学意义上的一致性，因此可认为，采样格网的位置与排列角度对于网络密度分析格网采样计量结果的影响较小，在研究过程中可不进行专门考虑。

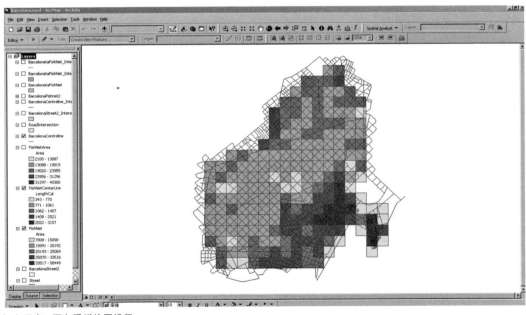

（a）正东 - 西向采样格网设置

图 9.1　巴塞罗那网络密度分析（一）

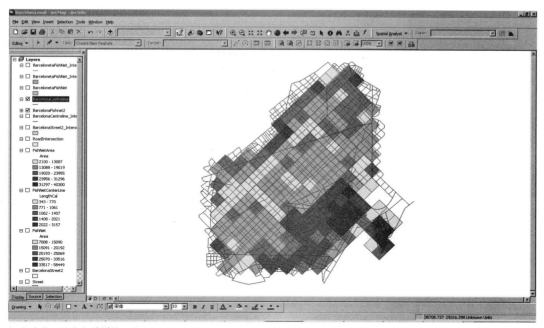

（b）东北 - 西南向采样格网设置

图 9.1　巴塞罗那网络密度分析（二）

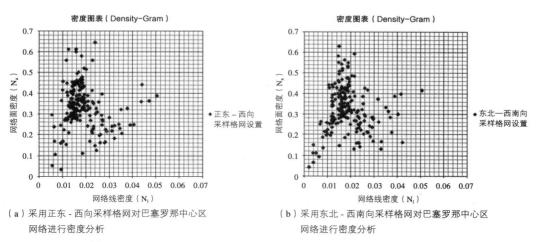

（a）采用正东 - 西向采样格网对巴塞罗那中心区　　　　　（b）采用东北 - 西南向采样格网对巴塞罗那中心区
　　网络进行密度分析　　　　　　　　　　　　　　　　　　网络进行密度分析

图 9.2　巴塞罗那中心区网络密度分析

参考文献

[1] （意）阿尔多·罗西著.城市建筑学 [M].黄士钧译.北京：中国建筑工业出版社，2006.

[2] （意）贝纳沃罗·L.著.世界城市史 [M].薛钟灵译.北京：科学出版社，2000.

[3] （英）比尔·希利尔著.空间是机器——建筑组构理论 [M].杨滔，张佶译.北京：中国建筑工业出版社，2008.

[4] （意）布鲁诺·赛维著.建筑空间论——如何品评建筑 [M].张似赞译.北京：中国建筑工业出版社，1987.

[5] （美）C·亚历山大，H·奈斯，A·安尼诺.城市设计新理论 [M].陈治业，童丽萍译.北京：知识产权出版社，2002.

[6] （美）斯皮罗·科斯托夫著.城市的形成 [M].单皓译.北京：中国建筑工业出版社，2005.

[7] （美）斯皮罗·科斯托夫著.城市的组合 [M].邓东译.北京：中国建筑工业出版社，2007.

[8] （奥）卡米诺·西特著.城市建设艺术 [M].仲德昆译.南京：东南大学出版社，1990.

[9] （美）凯文·林奇著.城市形态 [M].林庆怡，陈朝晖，邓华译.北京：华夏出版社，2001.

[10] （美）凯文·林奇著.城市意象 [M].方益萍，何晓军译.北京：华夏出版社，2001.

[11] （美）刘易斯·芒福德著.城市发展史——起源、演变和前景 [M].宋俊岭，倪文彦译.北京：中国建筑工业出版社，2005.

[12] （日）芦原义信著.街道的美学 [M].尹培桐译.天津：百花文艺出版社，2006.

[13] （英）Bill·Hillier.场所艺术与空间科学 [J].世界建筑，2005，11.

[14] （美）克里斯托弗·亚历山大著.城市并非树形 [J].严小婴译.汪坦校.建筑师.1985,24(11)：211.

[15] （挪）诺伯格·舒尔茨著.存在·空间·建筑 [J].尹培桐译.建筑师，1985，（ 23 ）.

[16] （英）Ruth Conroy Dalton.空间句法与空间认知 [J].世界建筑，2005，11，44.

[17] 陈彦光.分形城市系统：标度·对称·空间复杂性 [M].北京：科学出版社，2008.

[18] 储金龙.城市空间形态定量分析研究 [M].南京：东南大学出版社，2007.

[19] 段进，比尔·希利尔等.空间研究3：空间句法与城市规划 [M].南京：东南大学出版社，2007.

[20] 段进.城市空间发展论 [M].南京：江苏科学技术出版社，1999.

[21] 赫柏林.混沌与分形——赫柏林科普文集 [M].上海：上海科学技术出版社，2004.

[22] 黄亚平.城市空间理论与空间分析 [M].南京：东南大学出版社，2002.

[23] 江斌，黄波，陆峰.GIS 环境下的空间分析和地学视觉化 [M].北京：高等教育出版社，2002.

[24] 冯建.转型期中国城市内部空间重构 [M].北京：科学出版社，2004.

[25] 贵阳市志编纂委员会编.贵阳市志·建置志 [M]. 贵阳：贵州人民出版社，1993.

[26] 郭仁忠.空间分析 [M]. 第 2 版.北京：高等教育出版社，2001.

[27] 朱东风.城市空间发展的拓扑分析——以苏州为例 [M]. 南京：东南大学出版社，2007.

[28] 陈彦光.中心地体系中的分形和分维 [J]. 人文地理，1998. 13（3）：19-24.

[29] 段进.城市形态研究与空间战略规划 [J]. 城市规划，2003，27（2）：45-48.

[30] 谷凯.城市形态的理论与方法——探索全面与理性的研究框架 [J]. 城市规划，2001，（12）：36-41.

[31] 赫柏林.复杂性的刻画与"复杂性科学" [J]. 科学，1999. 51（3）：3-8.

[32] 赫柏林.分形与分维 [J]. 科学，1986. 38（1）：9-17.

[33] 黎夏，叶嘉安.主成分分析与 Cellular Automata 在空间决策与城市模拟中的应用 [J]. 中国科学 D 辑，2001，（8）.

[34] 王建国.城市空间形态的分析方法 [J]. 新建筑，1994，（1）：29-34.

[35] 徐昔保，杨桂山，张建明.基于 DUEM 模型的兰州市城市土地利用变化 [J]. 干旱区地理，2009. 32（2）：289-295.

[36] 叶嘉安，徐汇，易虹.中国城市化的第四波 [J]. 城市规划，2006（30）：13-18.

[37] 郑时龄.理性地规划和建设理想城市 [J]. 城市规划汇刊，2004（1）：1-5.

[38] Allen，P. A. The evolutionary paradigm of dissipative structures.In the Evolutionary Vision（E. Jantsch，ed.）. Boulder：Westview Press，1981.

[39] A. Madanipour. Design of urban space：An inquiry into a socio-spatial process. Chichester，England：John Willey & Sons，1996.

[40] Batty，Michael. Cities and complexity：understanding cities with cellular automata，agent-based models，and fractals. Cambridge：MIT Press，2007.

[41] Batty M. Cities as Fractals：Simulating Growth and Form. New York：Springer Verlag，1991.

[42] Bill Hillier，Julienne Hanson. The social Logic of space. Cambridge：Cambridge University Press，1984.

[43] Conzen M R G. Aluwick. A Study of Town Plan Analysis. Transaction，Institute of British Geographers，1960.

[44] Downs，R. & Stea，D.（2005）Images and environment：cognitive mapping and spatial behavior. Chicago：Transaction Publishers.

[45] Giddens A.The Constitution of Society. Polity Press，1984.

[46] Hagget and Chorley. Network Analysis in Geography. London：Edward Arnold（Publishers）Ltd，1969.

[47] Hoyt H. The Structure an Growth of Residential Neighborhoods in American Cites. Washington D C Government Printing Office，1939.

[48] Jane Jacobs.The death and life of great American cities. New York：Random House，1961.

[49] Joan Busquets. Barcelona：the urban evolution of a compact city. Italia：Litografia Stella，2005.

[50] Kulpers，B.J.（1983）. The cognitive map：could it have been any other way? In：Spatial

Orientation，345-359. New York：Plenum Press.

[51] P.Knox. Urbanization：An Introduction to Urban Geography. Englewood Cliffs N J，1994.

[52] P.Knox. Urban Social Geography：An Introduction. Longman，Harlow，1982.

[53] Park R E，Burgess E W，Mckenzie R D. The City. Chicago：Chicago University Press，1925.

[54] Peter Hagget，Richard J. Chorley. Network Analysis in Geography. London：Edward Arnold. 1969.

[55] Portugali J. Self-Organization and the City. Berlin：Springer-Verlag，2000.

[56] Samir Younes，Ettore Maria Mazzola. COMO：THE MODERNITY OF TRADITION. Roma：Gangemi Editore. 2003.

[57] Scruton R. The Aesthetics of Architecture. Methuen，1979.

[58] Sitte，Camillo. City Planning According to Artistic Principles. New York：Random House，1965.

[59] Smailes A E. The Geography of Towns. London：Hutchinson，1966.

[60] Stephen Marshall. Streets & Patterns. New York：Spon Press，2005. XII.

[61] United Nations Population Fund. State of World Population 2007：Unleashing the Potential of Urban Growth. New York：United Nations Population Fund，2007.

[62] Watts，D. Small Worlds：The Dynamics of Networks between Order and Randomness. Princeton：Princeton University Press，2003.

[63] Wilson A. Complex spatial systems. Prentice Hall，2000.

[64] Alexander Christopher，The pattern of streets，in Journal of American Institute of Planners，32（5）.

[65] Borchert J R. The Twin Cities urbanized areas：Past，present，and future. Geographical Review. 1961，51：47-70.

[66] Burton E. The compact cities：just or just compact A preliminary analysis. Urban Studies，2000，37（11）：1969-2006.

[67] Clarke K C，Hoppen S，Gaydos L. A self-modifying cellular automation model of hitoricalurbanization in the San Francisco Bay area. Environment and Planning B，1997，24（2）：247-261.

[68] De Sola-Morales，M. Towards a definition：analysis of urban growth in the nineteenth century. Lotus，1978. 28-36.

[69] Giuseppe Borruso，Network Density and the Delimitation of Urban Areas，Transactions in GIS，2003，7（2）：177-191.

[70] Hillier B，Penn A，Hanson J，et al. Natural movement：or，configuration and attraction in urban pedestrian movement. Environment and Planning B，1993，20（1）：29-66.

[71] Hillier B. Cities as movement economies. Urban Design International，1996，1（1）：41-60.

[72] Hillier B. Centrality as a process：accounting for attraction inequalities in deformed grids. Urban Design International，1999，4（3）：107-127.

[73] Hillier B. A theory of the city as object: or, how spatial was mediate the social construction of urban space. Urban Design International, 2002, 7 (3-4): 153-179.

[74] Hillier B. The knowledge that shapes the city: the human city beneath the social city. In: 4th International Space Syntax Symposium. London: UK, 2003: 17-19.

[75] Holm T. Using GIS in Mobility and Accessibility Analysis. WWW document, 1997.http://www. esri.com/library/userconf/proc97/proc97/proc97/to450/pap440/p440.htm.

[76] Jean-Paul Rodrigue, Claude Comtois, Brian Slack. The Geography of Transport Systems. New York: Routledge, 2009.

[77] J Gilliland, P Gauthier. Mapping urban morphology: A classification scheme for interpreting contributions to the study of urban form [J]. Urban Morphology, 2006, 10 (1): 46.

[78] Llewlyn-Davies, R. Town Design, in Lewis, D. (ed.) Urban Structure, Architectural Yearbook 12, London: Elek Books, 1969.

[79] Matti W. Grid square network as a reference system for the analysis of small area data. Acta Geographica Lovaniensia 10, 1972: 147-63.

[80] Rui Carvvalho, Alan Penn. Scaling and universality in the micro-structrue of urban space. Physica A 332 (2004): 539-547.

[81] Siksna.A. The effects of block size and form in North American and Australian city centers. Urban Morphology. 1997.1: 19-33.

[82] Weber C, Puissant A. Urbanization pressure and modeling of urban growth: example of the Tunis metropolitan area. Remote Sensing of Environment, 2003, 86 (3): 341-352.

[83] Wu F. Simland: a prototype to simulate land conversion through the integrated GIS and CA with AHP-derived transition rules. International Journal of Geographical Information Science, 1998, 12 (1): 63-82.

[84] Waddell P. UrbanSim: modeling urban development for land use, transportation, and environmental planning. Journal of the American Planning Association, 2002, 68 (2): 297-314.

[85] Meta and Haupt. Space, Density and Urban Form.Delft: TU-Delft. 2009.

[86] Michael A. McAdams. Complexity Theory and Urban Planning. Istanbul: Fatih University, 2008.5.